活在未来的高度

高田宝 / 著

图书在版编目（CIP）数据

活在未来的高度 / 高田宝著. -- 北京：新世界出版社，2016.7
ISBN 978-7-5104-5841-5

Ⅰ.①活… Ⅱ.①高… Ⅲ.①成功心理-通俗读物 Ⅳ.① B848.4-49

中国版本图书馆 CIP 数据核字 (2016) 第 147006 号

活在未来的高度

作　　者：高田宝
策划编辑：张铁成
责任编辑：袁　静
责任印制：李一鸣　黄厚清
出版发行：新世界出版社
社　　址：北京西城区百万庄大街 24 号 (100037)
发 行 部：(010)6899 5968　(010)6899 8705（传真）
总 编 室：(010)6899 5424　(010)6832 6679（传真）
http://www.nwp.cn
http://www.nwp.com.cn
版 权 部：+8610 6899 6306
版权部电子信箱：nwpcd@sina.com
印　　刷：北京亚通印刷有限责任公司
经　　销：新华书店
开　　本：787mm x 1092mm 1/16
字　　数：196 千字　印张：14.25
版　　次：2016 年 7 月第 1 版 1 次印刷
书　　号：ISBN 978-7-5104-5841-5
定　　价：38.00 元

版权所有，侵权必究
凡购本社图书，如有缺页、倒页、脱页等印装错误，可随时退换。
客服电话：(010)6899 8638

前　言

在现实生活中，人们常说要"活在当下"，认为人生就应该潇潇洒洒享受当下的生活。这样的想法似乎被很多的人所认同，因为我们总是活在当下的生活中，过去的已经过去，未来的还没有发生，只有当下的生活才是我们真真切切能感受到的。

但是，当我们换一种思维来剖析这个问题时就会发现，"活在当下"并不是一种最理想的生活状态。实际上，我们正在做的所有事情，都是为未来的生活做准备。我们吃饭是为了下一刻的生存准备能量，我们行走是为了到达下一个目的地，我们工作是为明天提供生活保障，可以说，我们当下所做的一切有很大一部分都是为未知的明天做准备。

因此，"活在当下"并不能对我们的生活追求进行完美的诠释，而"活在未来的高度"才是我们真正希望的生活状态。当我们活在未来的高度，我们会发现生活中处处充满美好，因为我们总能看到生活的希望，总能在不知所措的时候迅速找到前进的方向。

鲁迅先生的《故乡》中有这样一句话："希望是本无所谓有，无所谓无的。"也就是说，我们所寻找的希望是一直存在的，而每一个人都活在自己的希望之中，这个希望就是我们未来的生活。当我们对未来的生活产生一种美好的憧憬时，我们当下的生活就会具有更多的动力。希望是美好的，未来便也是美好的，当下的生活自然也是积极向上的。

在现实生活中，我们会遭遇太多的困难与险阻，我们可能会为了生活撞得头破血流，我们会失望，会迷茫，会为了失败与无奈痛哭流涕。但是，我们要相信，未来是美好的，我们现在所付出的一切都是为了在未来收获更多的美好与喜悦。

如果我们将自己的思维牢牢锁在现实的残忍中，我们的眼中就看不到希望，我们会在现实的残酷折磨中度过一生。但是，如果我们用一种发展的眼光来看待自己的人生，让自己的思维上升到未来的高度，那么我们就不再活在当下，而是活在未来。

活在未来的高度能让我们充满正能量，能让我们拨开现实中的迷雾看到人生更明确的前进方向。我们对现实充满恐惧、不满和失望，那么就不要把自己束缚在现实里，我们可以依靠着对未来的憧憬和希望将自己引向更加美好的明天。

本书以"活在未来的高度"开题，带领读者重新审视未来的自己，用一种未来的高度来看待自己的人生，告诉大家怎样才能在现实的生活中找到人生的希望，怎样才能冲破现实中的种种阻碍实现自己的梦想。

本书一共分为六大章：第一章，全面阐述了为现实所苦恼的我们怎样才能活在未来的高度，登上人生的巅峰；第二章，主要是带领大家一起为自己的人生设定目标；第三章，全面展示了存在于我们大脑中的种种限制，并且告诉大家怎样拿掉这些限制；第四章，主要强调每个人都要扩大自己的人生格局，投资自己的未来；第五章，激励大家自我肯定，发掘自身的闪光点；第六章，拥有十全十美的人生，实现自己的人生理想。

如果你苦恼于当下的生活，如果你看不见未来的方向，如果你失去了前进的动力，那么，这本书就可以带领你走出困境，引导你活在未来的高度，去发现人生的美好与希望。

目 录

前　言 1

第 1 章　活在未来的高度 001

　　1. 活在未来的高度 002
　　2. 拥有全新的故事版本 006
　　3. 找到生命中的典范 010
　　4. 把梦想录成潜意识 CD 014
　　5. 利用吸引力法则，得到自己不敢想的 018
　　6. 拥有一个积极正面的环境 022
　　7. 拥有正确的价值观 026
　　8. 掌控自己的情绪，永远保持巅峰状态 030
　　9. 创造人生巅峰 034

第 2 章　为人生设定 101 个目标 039

　　1. 人生，有目标才会有位置 040
　　2. 目标是通往快乐和成功的捷径 044

3. 设定 101 个目标，过平衡式人生 048
　　4. 一直写你十大领域中的 101 个目标 052
　　5. 找到自己人生的六大核心目标 059
　　6. 做自己的人生教练 064
　　7. 规划自己的人生蓝图 068

第 3 章　彻底拿掉大脑中的限制 071
　　1. 彻底拿掉大脑中的限制 072
　　2. 你不知道你不知道 077
　　3. 你看到的和你没有看到的 082
　　4. 你活在既定的剧本里吗 087
　　5. 我们得到的是自己想得到的世界 091
　　6. 我们就是自己的幸运之神 095
　　7. 不需要想太多，只需去努力尝试 099
　　8. 活成自己希望的样子 103
　　9. 永远告别"不可能"的人生 107

第 4 章　扩大你的格局，投资你的未来 113
　　1. 格局决定布局，布局决定结局 114
　　2. "局限"就是一个人给自己设的"局"太小 118
　　3. 着眼未来，将你的格局放大 100 倍 122
　　4. 投资情感：让别人欠你的 127
　　5. 投资美德：拥有绝对影响力 132
　　6. 投资口才：在任何地方说服任何人 136
　　7. 投资大脑：世界上唯一只赚不赔的投资 140

第 5 章　可以发现天才，淋漓尽致地发挥天分 145
　　1. 你是世界上的唯一 146
　　2. 每个人都可以创造奇迹 149
　　3. 彻底发现自己和身边人的天才 152

- 4. 彻底发挥自己和身边人的天分 156
- 5. 发挥自己体内已有的资源 159
- 6. 找到凹凸互补的搭档 162
- 7. 找到自己人生的价值和兴趣点 165
- 8. 拥有无与伦比的自信 168
- 9. 快速成长的十二大轨道 172

第6章 拥有十全十美的人生 177
- 1. 拥有十全十美工作日的画面 178
- 2. 组建天才的核心团队,统一价值观 182
- 3. 拥有自己的 20 个口袋名单 186
- 4. 拥有幸福无比的两性关系 192
- 5. 拥有和谐幸福的家庭 197
- 6. 拥有无比健康的身体 202
- 7. 激发内心巨大无比的感恩之心 207
- 8. 留下影响力,让自己孙子的孙子都记得自己 211

后 记 215

第1章
活在未来的高度

我们总是执着于"活在当下",可是却又不断抱怨现实中的种种不如意,这样的矛盾实际上源于我们对人生、对生活的错误认识。我们用"活在当下"的思维束缚着自己,殊不知我们的人生真正需要我们做的是活在未来的高度。

1. 活在未来的高度

在很多心灵鸡汤都在谈论"活在当下"的时候，我却觉得这并不是一个可取的观点。

DPA（德意志通讯社）研究显示，有些特质类型的人，喜欢活在当下的过程，却对未来的结果毫不在乎。更有甚者，还活在对于过去的细节、流程中出不来，以至于对未来毫无概念！其实，我们的人生是一直向前的。不管你愿不愿意，我们都时刻走在通往未来的路上。虽然过去和当下均是在为未来做铺垫，但如果没有保持对未来的觉醒，一味沉浸在当下甚至过去的经历中，那么，你必然会失去未来！

万科集团高级副总裁——毛大庆曾经在演讲中这样说，今天的我们首先应该去想象我们的未来——未来是什么样子的？只有站在今天看未来，活在未来的高度，然后再回来谈行业到底要怎么创新？企业应该如何变革？同时，他讲了美国西方石油公司的董事长——哈默创业经历中的一个小故事。

1931年，哈默从苏联游学结束，回到美国。凭借非凡的眼光，他四面撒网，点石成金，在许多行业都取得了成功。但是他并没有因此沉醉在这种当下的成功体验中。

第1章 活在未来的高度

20世纪30年代的美国经济大萧条,尤其是酿酒行业,遭受了寒冬一般的打击。1919年,美国政府颁布了一条"禁酒令",此举导致大量酿酒厂倒闭。酿酒——在当时很多人看起来绝对不可触碰的生意,哈默却认为是赚钱的机会。

当时正值美国总统大选,在所有人都关注当下谁会当选的时候,哈默却通过大量信息分析得到罗斯福极有可能成为未来白宫的主人。同时,他了解到罗斯福是一个嗜酒如命的人,于是,哈默判断,罗斯福一旦当选,实施新政,定会解除在美国长达12年的禁酒令。这将意味着美国的酿酒业将会迎来一个迅猛发展的时代。

站在这个未来的高度,哈默开始思考:我能做点什么?

他站在酿酒产业链的高度进行判断:美国最受欢迎的酒是威士忌,酿酒业一旦复苏,威士忌势必会受到更多投资者的青睐。而做威士忌绝对离不开装威士忌的白橡木桶。这就意味着全国对酒桶的需求将会猛增,而当时美国市场上却没有酒桶出售。于是,哈默当机立断:投资做酒桶。

半年后,禁酒令解除,而哈默制桶公司的酒桶也正式上市!他的酒桶很快被各制酒厂用高价抢购一空,财富之门也由此打开!

这个故事启示我们,所谓战略、眼光,就是要真的敢于、勇于或者积极地站在未来的高度看待我们的今天,谋定而后动。这也是绝大多数人成功的秘诀:活在未来的高度!

2015年,创业是一个非常火的词,涌现出无数草根创业者逆袭财富神话的故事。但是,有更多的人却是心里想着创业,嘴上也说要创业,但并没有付出真正的行动。每天仍旧是朝九晚五的单曲循环,被"万一失败了呢"的声音打趴下,享受着当下的安逸。

当然,这里并不是鼓励大家都去盲目地创业。但是要想让梦想照进现实,你就必须有所行动,第一步就是要"活在未来的高度"。站在明天,想清楚当下的事;然后站在今天,让未来走进来。如果你没有活在未来的眼光,就无法拥有未来的梦想!

　　小米创始人雷军强调创业要"顺势而为",所谓"势"就是预判未来。只有看清未来,把握大局,才能成功,对此他深有体会。

　　在雷军的人生经历中,金山是抹不去的浓墨重彩的一笔。但是,雷军在金山并没有获得辉煌的成就,他就像一个悲情英雄,先是与微软斗,接着与盗版斗,最后与360斗……倾尽心血,最终也无法挽回金山的颓势。他曾在微博中这样回忆:金山从1999年开始准备上市,经过四次失败,历时整整8年,"为了上市控制业务投入,错失了转型互联网的最佳时机,这是最悲催的上市故事"。金山的失败就是败在了活在过去的成就中,而没有活在未来的高度。从金山离开后,雷军站在未来的高度,看到了智能手机的"势",顺势而为,创造了小米神话。仅仅用3年时间,就将小米公司做到300多亿元的市值。

　　雷军用实际经历告诉我们:创业要有"活在未来的高度"的心态,更要构建一条现在到未来的路径,这是创业成功的最佳状态。

　　看见未来,说起来容易,实际上做起来却很难。看见太遥远的未来,怕只怕只是海市蜃楼一场空;活在太近的未来,泯然众人矣,徒劳而无获。所以,看见未来,说的是:看见不远的未来。这就要求我们从过去、当下的信息中寻找逻辑,预测明天会发生什么。

　　推动社会发展的,必然是"预测"。

　　军队靠获取敌方信息,进而分析、预测敌情;

　　气象人员靠搜集自然现象信息,进而分析、预测天气;

　　投资人员靠搜集经济、政策信息,进而分析、预测市场;

　　……

　　虽然这些分析、预测并不一定百分之百正确,但从概率学上来看,这些对未来的预测有绝对的可信度。有人还专门总结了五种预测未来的方法:

　　方法一:统计分析法。即对过去和现有的数据进行搜集,然后对搜集到的数字、图表等原始信息进行分析、整理、归纳、总结，从而得出未来潜在的趋势。

方法二：走访调查法。这种方法强调的是实地、实时地进行调查。即通过实地采访、社交网络采访、网络搜索资料等方法，向相关人士进行提问，进而对答案进行分析、总结，预测今后会发生什么。提问时，一般遵循5W原则，即WHO（谁）、WHEN（什么时候）、WHERE（在哪里）、WHAT（干了什么）、WHY（为什么）。

方法三：借古喻今法。简单地说，就是从过去的经验中总结得出未来的趋势。事实上，这种方法的准确度非常低，过去和未来是两个完全不同的概念，很难进行类比。但是，人们总是忍不住这样做，因为人们总是更愿意相信自己已经看到过或经历过的事情。

方法四：情景预测法。即通过对未来一些情景的模拟、演练，使人切身感受到未来的变化趋势，从而得出方法。

方法五：语境体验法。即通过对未来的描述，直接告诉对方，未来是什么样子的，将会发生什么，使对方产生真实的体验感，从而相信"未来就是这样的"。这种方法更适合于描述愿景，从而得到更多人的支持和追随。

一个活在未来的创业者，不仅能看到未来，更能创造未来！

创造未来从来就不是一件容易的事，你必须有足够的信心与耐心，从一无所有开始，竭尽全力构建一个实现梦想的路径。如果你做得足够好，能量足够强大，一旦开始，就会有很多人帮你构建这个路径，帮你实现未来！

所以，不要再被"活在当下"那些话蛊惑了。与其躺在当下的阳光下睡觉，不如花一点时间，想象一下未来的你，一年以后，两年以后，三年以后……你希望那个时候的自己是什么样子？拥有怎样的生活？处在怎样的位置？然后，反推回来，提前按照那个标准要求自己，去工作，去学习，去创造未来！

记住：一定不要让未来的你，讨厌现在的自己！

2. 拥有全新的故事版本

　　人生可以重新再来吗？当然不能。但是，人生却可以重新起航。

　　身边时常有朋友为自己过往的种种而后悔，感叹若世间真的有后悔药或是时光机之类的神物，一定要重新来过。人的一生有许多我们无法改变的事实，已经发生的事，再怎么后悔也是无法改变的。但是，任谁心中都会有一份不甘心，想着即使无法改变过往，也要让自己从愧疚或是后悔中挣脱开来。

　　那么，最好的方法就是以一个全新的故事版本开启自己新的人生。

　　可是，这样的方法给许多人的第一感觉就是太难了！全新的故事版本意味着改变以往的所有，对于许多在创业路上不断奋斗的年轻人而言，重新开始很容易，重新开始又很难。面对在人生旅途中不断出现的羁绊和打击，有人选择消极认命，而有人则选择重新起航，比如，杨澜。

　　杨澜是一位十分有魅力的现代女性，有智慧、有才华、有担当，更让人佩服的是她勇于面对生活中的困难，敢于创新原有的故事版本。

　　一说起杨澜，许多人对她的第一印象就是电视屏幕里美丽大方、自信优雅的主持人，《杨澜访谈录》《天下女人》都是杨澜主持过的广受观众好评的节目，这些节目也让更多的人认识了这位美丽的主持人。杨澜最早主持的是央视的《正大综艺》，这是央视的老牌节目，曾经火爆大江南北。但是在央视做主持人，在很多方面都会受到束缚，几乎无法掌控自己的命运，就连节目最终出现的形态都无法把握。最终，杨澜放弃了央视女主持的光环，塑造了一个全新的身份——商人。

从主持界到商界，大多数人很难想象得到，这样一位美丽娇柔的女性会下海经商。但实际上，杨澜在商界所取得的成绩并不比在主持界的差，反而随着不断的努力，生意越做越大，越做越好。

1999年，杨澜担任了阳光文化影视公司的董事局主席，2000年，创建了国内首个以历史文化为主体的卫星频道——阳光卫视，从此，杨澜在荧屏之后以一个全新的故事版本开启了不一样的人生。

杨澜曾在一次访谈中说，创办阳光卫视是她一生中最大的挑战，也是她一生中遇到的最大的挫折。当时由于对文化纪录片有着特殊的情结和浓厚的兴趣，杨澜在先生吴征的帮助下，开始做阳光卫视。在最初的发展阶段，杨澜顺利融得了两个亿的启动资金。有了如此一大笔资金，阳光卫视在成立初期发展得十分顺利，很快发展成了国内第一家以历史人文纪录片为主题的频道。但是在阳光卫视成立3年之后，再想融得大批资金已经很难了，作为一个以资金运作为发展基础的频道，阳光卫视已经失去了生存下去的动力。此时的杨澜，眼前摆着两条路，放弃和坚持。

从杨澜现在所取得的成绩来看，大多数的人都以为当初她选择的是坚持，因为心灵鸡汤里是这样告诉大家的：只有坚持才能胜利。的确，在人生的某些阶段、某些事情中，坚持可能会让人取得最终的胜利。但是当我们站在未来的高度来看这件事，选择放弃原有的奋斗之路，开启一个全新的故事版本，可能才是真正的成功之道。

正是因为活在了未来的高度，杨澜在面临阳光卫视的生存危机时，果断选择了舍弃阳光卫视，重新转型开始了新的人生之路。最终的结果表明，她并没有选择错，她现在的成功印证了当初选择的正确。

有的人可能会觉得，我成不了杨澜，我没有她的学富五车，更没有她的经商头脑。是的，成功的人有很多，但不是每一个肯努力的人都能成功。我们可能做不了杨澜，也不可能驰骋在文化界和商界两大领域。但是，除了努力和坚持，我们能做的还有很多。

作为一个行走在寻梦路上的奋斗者，我们应该做的是活在未来的高度去掌控全新的故事版本，而不是把自己局限在一个狭隘的思维空间里，束缚自己的才华和天性，为一些在现实生活中把自己撞得头破血流的事物耗尽自己的才华和精力。

有很多的人在创业的路上非要撞上南墙才肯回头，甚至有些人撞上了南墙也不肯转个弯再走。世上的路有很多，一条路坚持了很久仍旧行不通，那就说明这是条死路，不要坚守着"只要我努力，就一定能成功"的信条，成功不会因为你的傻傻坚持而到来，那只是失败者自我安慰的理由。当我们在一条路上走不下去的时候，真正应该做的就是舍弃旧的故事版本，以一个全新的故事版本去开辟属于自己的疆土。不去创新，你永远看不到另外一个自己有多优秀。

近几年，在国内智能手机市场中，老罗的锤子手机发展得可谓是风生水起。"情怀"是老罗给锤子手机贴上的标签，也是锤子手机最主要的营销手段。有情怀的锤子手机在众多的智能手机中不断刷新着用户体验，改善着用户的视听享受，逐渐成为了国内市场中最受年轻人喜爱的手机。

老罗（罗永浩）是锤子手机的创始人，2012年下半年的时候，老罗开始做手机，历经了两年的时间，锤子科技的第一部手机Smartisan T1正式与广大用户见面。2015年8月，老罗在上海举办了2015夏季手机新品发布会。同年12月，老罗在北京发布了新一代旗舰智能手机Smartisan T2。不断更新的产品，为用户带来了更多的便捷，锤子手机逐渐拥有了越来越多的支持者。而老罗也实现了自己做手机的梦想，成为了一名优秀的"智能手机时代的工匠"。

我们看到了老罗是做手机的牛人，但是这只是现在的他。在做手机之前，老罗不是老罗，而是罗老师。老罗曾是北京新东方学校优秀的GRE讲师，教学风格幽默诙谐极具感染力，极受学生的喜爱。在2006年，老罗辞去了自己的讲师工作，开办了牛博网，但由于服务器的限制，牛博网最终停止了运作。在此之后，老罗又创办了英语培训学校，出书，演讲。直到2012年，才正式走上了做手机的道路。

对于老罗的这次转行，网上曾有人这样评价："一个教书的还想做手机，简直是天方夜谭。"在老罗做手机的过程中，这样恶劣的评价层出不穷。但是，老罗却始终在不断尝试，不断地去寻找一个全新的真正适合自己的故事版本，结果证明他成功了。

这的确很难想象，老罗从一个教书先生转行到智能手机的研发中，并取得了巨大成功。但是，谁又规定了一个人的一生只能为一项事业而奋斗？一个人不能决定别人怎么样，但是却可以掌控自己的人生。老罗选择辞去教师的职业，一步步走向手机研发领域，正是从一个旧的故事版本走向了一个全新的故事版本，开启了一段新的人生。

当我们的思维停滞在过去陈旧的层面中，就会被困在一个一成不变、没有新意的故事里。此时所谓的理想、梦想就犹如黑夜寒风中的一缕烛光，飘忽不定，微弱得让我们连大气都不敢喘，生怕这最后的一缕光也被吹灭。如果是这样，朋友，你该尝试着去拥有一个全新的故事版本了。活着，不是为了过去，而是为了站在未来的高度去欣赏更加美丽的风景。只有学会摒弃和改变，才能活出真正的自我，才能找到属于自己的精彩。

3. 找到生命中的典范

儿时，大人们总是喜欢问孩子长大了想要做什么，孩子们则仰着脑袋，一脸认真地回答，我想当像爱因斯坦一样的科学家，我想当像爱迪生一样的发明家，我想当像刘叔叔一样的人民警察，我想做一名教师……

每个孩子心中都有一个崇拜的偶像，也许是闻名世界的科学家，也许是维护治安的人民警察。无论是名人还是普通人，他们都是孩子心目中的偶像，是孩子们不断努力学习的典范。长大之后，不管这些孩子有没有最终成为儿时心中偶像的模样，最起码这些偶像一直是孩子们不断努力学习的榜样，是激励他们勇往直前的动力。

人人都说，孩子是最单纯最美好的。这样说很大一部分原因是由于孩子能够表达出自己内心最真实的想法，没有利益衡量，不用思前想后，在人生的路上总能活出最真实的自我，他们敢于为自己设定未来的模样，敢于树立心中的偶像。

大人们在羡慕孩子的同时，又总是在心中默默泼孩子们的冷水：你们还小，什么都不懂，等你们长大了就知道偶像什么用都没有，想要吃饱还要靠自己的双手。大人们的这番话，本没有什么可非议的地方，无论什么人，想要衣食无忧，指望不了任何人，只有通过自己的努力才能实现。

但是，当我们活在未来的高度，再来看大人们的这番话，未免就显得太小家子气了一些。现实生活中，有很多的人都在通过自己的劳动去生活，辛辛苦苦地付出，但是真正能够过上高品质生活的又有几个呢？努力奋斗并没有错，但是对于生活，是要看向更加美好的未来，如果将生活仅仅局限在当下，那么未免会受到束缚。怎样在现实生活中活出新的高度？像孩子一样找到生命中的典范，看起来是不错的方式。

我们寻找生命中的典范，不是为了向其寻求帮助或是得到某种好处，而是要在这些生命典范的身上寻找一个全新的努力方向。有很多的人为了生活日夜辛劳，但是最终都成功了吗？当然没有，出现这种现象不是因为他们努力得还不够，而是因为他们努力的方向出现了偏差。如果在一条本就不正确的路上寻找突破，想必再怎么努力也是无法实现的。正确的方向，加上不断的努力，才能成就未来的自己。

小米手机是近些年国内智能手机市场中广受用户欢迎的一款手机，也是最早活跃在手机市场中的国产智能手机。但说到近几年出现在国内手机市场中的智能手机，除了国产的小米手机之外，就不得不提来自于美国的苹果手机。高智能化的苹果手机，在进入中国之后，迅速在手机市场中掀起了一股智能手机热潮，并且吸引了大批果粉的支持和推崇。

随后，国内的各种智能手机应势而起，与之而来的同质化问题也越来越严重，"抄袭""高仿"这些敏感词语逐渐成为国内智能手机企业极力回避的尖锐话题。

苹果手机作为这几年智能手机市场中的风向标，引领了国内智能手机的发展方向，风头正劲的小米手机也一度被认为是苹果手机的翻版。业内很多人士批评小米抄袭苹果，因此还引发了多场口水战。

苹果手机作为智能手机界神坛级的"大佬"，受到了世界各国用户的欢迎，这离不开苹果公司自身的努力，其在创新和营销环节都可以作为业内其他企业的典范。实际上，对于智能手机而言，功能、配置、外观上的相似性几乎是很难避免的，想做到百分之百的区分几乎是不可能的。有人说小米在模仿苹果，业内对小米手机的定位是"山寨的苹果"，但是对于小米手机而言，无论外界的评论怎样，它所取得的成绩是值得肯定的。因此，所谓的小米山寨苹果，完全可以理解为小米将苹果作为了自身发展过程中的绝佳典范，学习其发展的模式和技巧，然后结合自身的实际情况通过整合和创新将其变成带有小米特色的发展法则，促进自我的蜕变和升华。

无论是对于企业的发展或是个人的成长来说，有一个可以时刻学习的优质典范，的确能够帮助实现自身能力的提升。在现实生活中，有很多的创业者，在前期的发展阶段投入了自己全部的精力，但是最终的结果却并不尽如人意。是不够努力吗？当然不是。如果不是因为努力程度不够，那么最大的原因就是没有找对生命中的学习典范，以至于错失了正确的发展方向。

经常会有一些人在遭遇了各种打击之后，埋怨老天无视他的努力，抱怨命运的不公。实际上，我们应该十分清楚，人的命运别人无法掌控，真正能够改变自己命运的只有自己。除了付出更多的努力之外，还需要找到生命中的典范，为自己在寻梦的道路上点上一盏灯。

但是需要注意的是，我们所要寻找的生命中的典范并不是我们复制克隆的范本，而应该是我们学习效仿的榜样。毫无新意的模仿绝不是一个人或是企业的成长之道，如果只是单纯复制，最终只会给人生的拓展带来更多的阻碍。生命中典范的真正价值在于能够为我们带来更多的动力和指明一个发展的方向，我们以此作为拼搏的范本，才能从根本上上升到一个全新的生命高度。

我们羡慕孩童对未来的明确想法，羡慕他们在小小年纪便为自己找到了生命中的范本。实际上，那时的你也是如此。面对未来，没有过多的犹豫，所想所做完全出自于内心。只不过，越长大，我们越能感受到现实的残酷，我们知道不是只要肯付出就一定能够成功，我们还知道这个世界上有太多的挫折与磨难在等着我们。

第 1 章
活在未来的高度

人生并不是一条笔直的大路,相反地,处处都是分岔口,谁也不知道到底哪一条才是真正能够通往成功的道路。怎么办?试试看吗?走错了再回来?可是,在生命有限的时间里,你能有几次走错了再回来的机会?既然时间宝贵,我们何不先找到生命中的典范,沿着其指明的方向,让自己的才华和努力在最短的时间内得到最完美的释放,实现生命高度的进一步升华。

4. 把梦想录成潜意识 CD

梦想，人人皆有的东西，是许多人引以为傲的资本，也是许多人不断努力的目标。在生活中，经常会遇到一些喜欢把梦想挂在嘴边的人，拿着自己的梦想与别人侃侃而谈，兴致高涨时手脚并用，唾沫横飞，生怕漏掉任何一个向别人展示自己梦想的机会，似乎给他一个舞台，他就能像马丁·路德·金一样高吟："I have a dream."

用这样的文字和语言来描述梦想，总让人觉得我对梦想产生了亵渎之心。实则不然，梦想是人生路上必不可少的重要内容，一直以来都被奉为神物。从某种意义上说，梦想是人们奋斗过程中的精神导师，能够时时刻刻给我们带来前进的动力。但是，我们需要清楚的是梦想不是用来说的，把梦想作为与别人高声阔谈的谈资，未免埋没了梦想真正的价值，也很难实现梦想真正的价值。

诚然，马丁·路德·金的《I have a dream》曾感动过无数人，也激起了无数人心中对自由平等的渴望。

有人可能会说，你看，马丁·路德·金这么伟大的民族领袖都是把梦想说出来才得以成功的，我们为什么就不能把梦想挂在嘴边？是的，马丁·路德·金在那场著名的演讲中大声喊出了自己的梦想,但是,隐忍在这背后的坚强和努力,你看到了吗?如果单凭大声把梦想说出来就能取得成功,相信如此这般容易实现的梦想,也就不再是人们苦苦追寻的"神物"。

梦想的实现不是说说而已,我们需要将梦想录成潜意识CD,深埋进我们的脑海,让其变成一种时刻存在的潜意识,不断提醒我们为之努力、拼搏和奋斗。

我们所知道的马丁·路德·金就是这样做的。

马丁·路德·金是美国著名的民权运动领袖,在那个黑人被歧视的年代,马丁·路德·金将自己解放人权的梦想变成了一种潜意识,使其作为促进自己不断奋斗的动力,无时无刻不在提醒自己要为更多的黑人争取到更多的权利。

还记得那个因为在公交车上不给白人让座而最终被判蹲监狱的黑人妇女吗?从这件事上,我们可以清晰地感受到当时的美国黑人对平等权利的渴望。当然,我们也看到了想要完成这件事有多么艰难。马丁·路德·金不畏权贵的威胁,为了心中的梦想毅然掀起了一场持续了一年的公共汽车抵制运动。他的努力并没有白费,在这场抵制运动之后蒙哥马利市公车上的种族隔离被废除了。

但是,这离马丁·路德·金的梦想还有很远,他仍然继续在努力。在公车抵制运动之后,马丁·路德·金为了进一步实现自己的梦想在美国南部建立了南方基督教领袖会议。1959年,马丁·路德·金又带着自己的梦想前往印度游历,并且努力宣扬自己的"非暴力"政策。同年年底,马丁·路德·金放弃了原有的稳定舒适的职业,成为了一名牧师。

在之后的日子里,马丁·路德·金和他的梦想受到了不断的打击和镇压,但是,这些都不能磨灭他对人权解放的向往。1963年,马丁·路德·金在阿拉巴马州的伯明翰领导了一场声势浩大的示威游行,在这场游行中马丁·路德·金被捕了。在狱中的日子里,支撑马丁·路德·金坚持下去的动力就是其潜意识里的梦想。他写了《来自伯明翰监狱的书简》向全世界表达了他对民权运动的期望,从而带动了整个伯明翰对原有种族歧视的抵制。马丁·路德·金在出狱之后仍然不断领导群众举行各种运动，最终，他迎来了实现自己梦想的舞台。在林肯纪念馆的台阶上，马丁·路德·金发表了一篇令全世界为之动容的演讲——《我有一个梦想》。在这次演讲之后，马丁·路德·金的维权梦想得到了美国政府的重视，为美国的黑人解放运动做出了重要的贡献，并在1964年被授予了诺贝尔和平奖。

马丁·路德·金一生为美国的黑人种族运动竭尽全力，这是他深埋在潜意识里的梦想，为了梦想，他愿意付出自己的一切。在这一过程中，他曾遭受过无数次的恐吓，并且多次入狱，多次被行刺，但是这些都没有阻止他前进的脚步。直到1968年，随着美国城市种族之间的暴力不断升级，马丁·路德·金在一家汽车旅馆中被种族主义分子残忍杀害。马丁·路德·金用他的生命为自己的梦想付出了最后的努力。

马丁·路德·金的确在那场演讲中大声说出了自己的梦想，但是在这之前和之后，他所做的就是将自己的梦想变成一种潜意识，时时刻刻激励自己为了梦想去努力，并且用自己的实际行动捍卫了自己的梦想。

梦想很美好，但是实现梦想却很难。我们在成长的道路上，梦想是必不可少的伴侣。但是如果仅仅将梦想当作一种想起来就拿来说说的谈资，那么你的梦想终将只能是梦想，永远也变不成现实。

我们所说的把梦想变成一种潜意识，就是在告诉大家，想要实现梦想，就要时时刻刻牢记你的梦想，无论在什么时候，什么地点，做什么事都要记住你的梦想，这样才能不断激励自己努力、努力、再努力。

在很多时候，由于我们思维的局限，总是将梦想束缚在一个狭窄的空间里。在这个空间里，我们所看到的梦想仅仅是对当下生活的一种期望，是一种短期的渴求。但是，梦想真正的含义却定位在未来，我们需要站在未来的高度才能看到梦想的真实样貌，才能意识到我们真正想要的是什么。

把梦想录成潜意识的CD，在你备受打击的时候放给自己听听，在你不知所措的时候放给自己听听，在你得意忘形的时候放给自己听听。你听到的将是来自你内心深处的声音，它会告诉你你还需要坚持，还需要努力，还需要为了梦想不断前进。

不管你正处在人生的哪个阶段，不管你曾经为了梦想遭受过多大的打击，不管你的面前横亘着怎样的困难，请听听来自于你潜意识里的声音，你需要做的还有很多。

我见过许多平时喜欢将梦想挂在嘴边的年轻人，他们热衷于告诉别人自己有多么伟大的梦想，并且将这个还不知何时才能够实现的梦想作为抬升自己身价的筹码。然而在面对工作时，挑肥拣瘦，抱怨连连，基础的工作不愿意做，有点难度的工作又做不来，始终处在一种比上不足比下有余的尴尬层面上。当受到挫折时，就会又将自己未来的梦想搬出来撑场面，告诉别人"我是有梦想的人"。殊不知，你那伟大的梦想已经被你的无知和懒惰消磨得所剩无几。

当然也有一些人，他们深知梦想的实现十分不易。他们从不四处宣扬自己的梦想，而是将自己的梦想变成一种潜意识，时时刻刻存放在自己的脑海。他们愿意从小事做起，从一点一滴积累，他们愿意为了梦想不断努力，他们知道实现梦想需要隐忍。所以，他们的努力最终带来了回报，他们用一种坚持不懈的精神实现了自己的梦想。

如果，你觉得你的才华还撑不起你的梦想，那么就将你的梦想录成潜意识的CD，让它陪伴在你的身边，时刻提醒你不断努力和拼搏。

5. 利用吸引力法则，得到自己不敢想的

前些日子，我去探望一位好久不见的老朋友，我们认识很多年，对于他的才华和能力我是十分了解的。我的这位朋友是在当地一家十分有名的传媒机构工作，当时入职这家企业，他可谓是经历了重重筛选，好在他的实力还是不容置疑的。不过，他刚进公司时入职的职业和他本身的专业并不相符。

他是传媒科班出身，成绩优异，还发表过不少的论文，可谓是学校的风云人物。毕业后学校给了他保研的机会，但是他却放弃了，选择了走出校园踏入职场。刚出校园的大学生，找工作比考大学那会儿还要难。一起毕业的几个好朋友都在不同的地方投递了简历，但是结果却都不理想。

他算是其中比较幸运的一位，因为他收到了那家有名的传媒公司寄来的入职通知书。刚收到通知书时，他还特地打电话向我报喜，说是终于有机会将自己的才华全都发挥出来了。我是真心为他高兴，他是一个有能力的人，如果有合适的机会一定能够大放异彩。可是，后来我才知道入职的岗位根本不对口，主要负责的是公司的市场业务。

再次相见，过去了五年，本以为在这五年的时间里，他定能够取得不错的成

绩，职位也能上升到他想要的级别。可是，事实却并非如此，他仍是最初那个跑市场的专员，而且整个人给人一种消极认命的感觉，没有了斗志与激情，他似乎不再是校园里那个风光无限，斗志昂扬，为了心中所想而敢拼敢闯的年轻人。

他向我诉说了这些年自己的经历，职场远没有想象中的那么简单，同事的排挤，领导的无视，这些都让他逐渐失去了斗志，原本所想所求的现在却再也不敢去想，他离自己的梦想越来越远。

在现实生活中，他的故事并不是个案，而是社会中的普遍现象。对于许多刚刚踏进社会或是刚刚开始打拼的创业者而言，几乎所有的人在最初的拼搏阶段都是信心满满，对自己的未来充满了期望，为了自己心中的所想愿意付出一切去努力。但是随着时间的流逝，他们会遇到许多意想不到的困难和挫折，他们发现，想要得到自己想要的并不是一件容易的事，不是付出努力就一定能够成功。慢慢地，在一次又一次的打击中，那些心中的渴望逐渐变成了他们想都不敢想的奢侈品，他们开始臣服于这个社会，臣服于现实的残酷。

每个人在踏入自己的寻梦之路之前，总是大胆畅想心中的渴望，"我想要成为这家公司的营销主管""我想要成立一家自己的公司""我想举办一次自己的画展"……这些都是我们在寻梦路上最真实的渴望。可是，当我们真正开始实践的时候，就会发现有太多的困难险阻摆在眼前。我们开始不敢想，因为我们觉得得不到。

一直以来，梦想总是被奉在一个神坛级的位置上，我们敬仰着、供奉着。不可否认，想要实现梦想并得到自己想要的事物是十分不易的。那是一个十分漫长的过程，需要付出很多的努力和心血，一步一个脚印踏踏实实去完成。但是，在这一过程中，如果你被困难所打倒，将所想变成不敢想，那么必定无法实现自己的梦想，并且离梦想也会越来越远。

当你在遇到困难的时候，不妨利用吸引力法则，得到那些自己不敢想的事物。

书本上是这样定义吸引力法则的："当思想集中在某一领域的时候，跟这个领域相关的人、事、物就会被吸引而来。"

乍一看这样的定义，总会让人觉得太过玄乎，难道真的只需要将自己的思想高度集中在一件事物上，就能将相关的事物吸引过来，进而一步步得到自己想要的吗？

到底能不能呢？我们无法断定。但是，可以肯定的是只要我们始终坚持心中所想，并不断努力和付出，那么，在合适的方式下就一定能够得到自己想要的事物。

吸引力法则想要告诉我们的是一种看不见、摸不着的能量，这种力量能够让我们在面对困难和挫折的时候始终坚守心中的信念，并且为了心中想要得到的事物不断努力，引领我们走上正确的成长之路。

有很多的人将吸引力法则错误地认为是仅仅依靠意念就可以实现梦想的捷径，实际上，这样的捷径是不存在的。如果你想通过自己的意念，只想不做，你的梦想永远不会实现，同时你离自己的梦想也会越来越远。

在我们的一生当中，所有想要得到的事物以及想要又不敢想的事物都分别处在各自的发展轨道中，犹如整个宇宙中无数的星球在各自的轨道上运行。而我们所说的吸引力法则就是引导这些事物、这些星球正常运转的能量，也就是吸引力。

那些我们不敢想的事物和我们敢想的事物之间实际上都存在着某种必然的关系，这种关系看似没有任何的联系，实际上吸引力已经在这些事物之间建立了一种必然的关系，引导着我们一步步得到那些我们不敢想的事物。

在这一过程中，无论是我们敢想的和我们不敢想的，它们之间都具有某种共性。这种共性是我们在实践的过程中循序渐进的依据。沿着这种共性，我们从身边容易实现的事物开始努力，一步一步就会将那些我们不敢想的事物吸引在一起，最终得以实现。

在利用吸引力法则，得到那些不敢想的事物时，我们需要注意以下几点：

第一，敢于想象。

我们想得到那些我们原本不敢想的事物，首先就要敢于想象，将那些不敢想的事物变成敢想的事物，时时刻刻牢记在脑海中。

那些我们想得到的事物，当我们在为之不断努力的时候，无论遇到怎样的困难，我们都要坚守心中的梦想，时刻坚守梦想才能实现梦想。

第二，时刻感知。

在遭遇到各种困难的时候，我们还需要做的就是时刻感知我们的梦想。在这一过程中，我们要不断扩大自己对梦想的渴望，想象着梦想得以实现之后的美好，感知当你拥有这一切的时候心中的喜悦。

你的想象力犹如纽带一样连接着你和你想要得到的事物，这种想象力能够时刻刺激你不断前进，努力进取。当你的感知能力和你的渴望碰撞在一起的时候，你会发现所有的事物之间已然产生了一种吸引力，这种吸引力会将你和你心中的所想紧紧地联系在一起。

第三，努力付出。

在实现梦想的道路上，"天上掉馅饼"的事就不要再想了。想要有所收获，就一定要有付出。当你依靠吸引力法则将你和你所想的事物联系在一起的时候，接下来你需要做的就是沿着这个方向踏踏实实去创造，去实践。不要惧怕这其中的困难险阻，你要相信你的梦想就在前方，你们之间存在着必然的关系，而你需要做的就是用自己的双手将你们之间的距离慢慢拉近，最终实现梦想。

吸引力法则并不是空谈，它建立在思维凝聚的基础之上，引导我们将那些不敢想的事物一点点拉拢在身边，激励我们通过自己的努力不断将不可能变成可能。

6. 拥有一个积极正面的环境

在现实生活中，人们常说：环境能够影响一切。我们常常把社会比作一个大染缸，走进社会，跳进这个大染缸，就会被染缸里的水所影响，红的、黄的、蓝的、绿的、紫的……我们可能会被定义成各种不同的颜色，演绎着被环境所左右的人生。

这样的人生是你想要的吗？

我想大多数的人都不愿意拥有这样的人生。生活从某种意义上来说具有一定的共性，在一个大环境中，我们生活在一起，呼吸着相同的空气，享受着同样的阳光，为着生命中某个目标和梦想不断努力奋斗。但是，生活又具有必然的个性。每个人都有各自不同的生活，虽然同处在一个大环境中，但是却又拥有着各自的小环境。不同的生活方式，不同的生活习惯，不同的人生信仰，这些都是属于我们各自小环境中的生活要素。

站在整个社会大环境面前，我们犹如一粒细沙般渺小，即使对大环境有再多的不满，也很难将其改变。但是，在每个人各自的世界里却不一样，那是属于你自己的成长环境，你是这个环境中的主导者，你有能力改变这里的一切。

那么，当我们无力改变整体大环境的时候，何不创造一个属于自己的积极正面的小环境呢？

既然我们拥有着创造环境的主动权，就要为自己的人生打造一个积极正面的环境。环境对人生的成长发挥着十分重要的作用，积极正面的环境能够塑造一个积极向上的拼搏型人格，消极负面的环境则会给人带来一种不思进取的负面情绪。对于在人生道路上不断追求梦想的你来说，拥有一个积极正面的环境是寻梦过程中的首要前提。

用积极正面的环境来改变人生，不只是现代人的自我追求，古人也早已认识到这一点。

"孟母三迁"的故事正是对拥有一个积极正面环境重要性的全面阐述。

孟子是古代战国时期伟大的思想家、政治家，他师从于孔子之孙孔伋，是我国儒家学派的代表人物之一。其代表作《得道多助，失道寡助》《生于忧患，死于安乐》等都是我们从小就接触的语文教材内容，他的"民本"思想和"仁政"政策都是我国宝贵的思想财富。孟子对孔子思想的推广和儒家思想的完善发挥了重要的作用，为我国传承数千年的社会核心价值观奠定了基础。

孟子的伟大是世人有目共睹的，但是，孟子之所以能够成为一位伟大的思想家、政治家，离不开其母从小为其塑造的一个积极正面的环境。

孟子年少的时候，父亲便去世了，其母和其相依为命。孟子的母亲十分重视对孟子的教育，希望他能够长大成才。孟子的母亲虽然是一位普通妇人，但是十分注重为孟子营造一个良好的学习环境。最初，母子二人住在墓地旁边，由于处在这样的环境当中，孟子很快就和周围的孩子玩起了跪拜、哭号的游戏。孟母看到，深感忧虑，于是就带着孟子搬到了集市上居住，但是孟母发现孟子很快就开始学习商人做生意的样子。孟母深知，这样下去，孩子是成不了材的。于是，他们又搬到了周围有屠宰猪羊的地方居住，结果很明显，孟子学起了屠宰猪羊的事。最后，孟母带着孟子搬到了一个靠近学堂的地方居住，在这里孟子学着那些文人苦读诗书，以礼相待。孟母看到后非常满意，知道这才是真正适合孩子成长的环境，于是决定在此居住。

"孟母三迁"的故事传诵至今，它告诉了世人一个非常浅显易懂的道理：拥有一个积极正面的环境，能够改变人的一生。

当我们还是孩子的时候，改变环境的能力还不够，需要依靠父母的力量。但是，当我们羽翼丰满，有能力为自己创造一个积极正面环境的时候，就需要竭尽全力去争取。每个人的未来都只有自己能主宰，在很多的时候我们无法依靠任何人，包括自己的父母，我们所能做到的就是努力去创造属于自己的未来。

一个人的爱好、习惯、处事方式以及个人能力从来都不是天生就有的，而是受后天环境的影响逐渐形成的。如果当你遇到打击时，首先想到的是："我天生就这样，能怎么办？"那只能说明你并没有认识真正的你，或者说你没有意识到真正能够影响你、改变你的要素是什么。

想要改变当下艰难的处境，首先就要学会创造一个积极的环境。在这样一种正面的环境中，我们才能实现自我的升华和提升。在这里，着重强调的是"创造"二字，自己创造的环境才更能符合自身发展需求，才能掌握住整个环境的变化趋势。

我曾看到过这样一段话，觉得很有道理："一等人创造环境，二等人选择环境，三等人跟随环境，四等人抱怨环境。"能够创造环境的人，才能够主宰环境，才能够利用外在的优质因素为自己带来正确的人生导向。如果你是在选择环境，那么你缺乏的是一种挑战未知的胆识；如果你是在跟随环境，那么你缺乏的是一种迎风而战的主见；如果你是在抱怨环境，很抱歉，你仍处在随波逐流的大环境中，而失去了属于自己的小环境。

在现实生活中，有很多的人是在跟随环境、抱怨环境。他们不能创造环境，甚至不愿主动去选择环境，只是被动地任由残忍的现实随意宰割。实在痛了，便哼哼几句，抱怨老天的不公，抱怨环境的恶劣，抱怨自己生不逢时，没有遇见一个赏识自己的伯乐。可是，我们需要明白伯乐赏识的是奔跑在草原上的千里马，如果你处在一个满是烂泥、寸步难行的环境中，谁能看出你是千里马？

如果你处在一个消极的环境中，不愿努力改变，却又期望着天上真的能够掉下块馅饼砸在自己脑袋上。那么，我只能说上一句：当心，掉下来的是板砖！

当我们走进社会，总想着为自己的未来闯一闯，于是大多数的人选择了自己创业。但是，创业的艰难和险阻可能是我们无法预知的。在竞争激烈的市场环境中，我们承受着各种打击和挫折，但是，对于这样的大环境却又无能为力。怎么办？放弃吗？认命吗？当然不。我们需要做的是为自己、为自己的未来、为自己的梦想创造一个积极正面的环境。

在这个环境中，我们能够汲取到充足的正能量，能够看到未来的希望，同时能够实现自我的不断成长。这是我们抵御外部恶劣环境的武器，是我们自我疗伤的温床。不要抱怨社会带给你的种种伤害，你改变不了社会大环境，但是却能够在自己的世界里打造一个积极向上的小环境。记住：只有经历了这些，你才能更加强壮。

7. 拥有正确的价值观

不管现在的你身处人生中的哪个阶段，社会中的哪个领域，想要在发展的道路上开创出一片属于自己的天地，都要先拥有正确的价值观，并以其作为规范自己行为方式的标尺，引导自己朝着正确的方向努力。

我们经常将"树立正确的价值观"挂在嘴边，家长对孩子这么说，老板对员工这么说，每一个在寻梦道路上努力进取的人也是这么说。那么，所谓价值观，到底是什么？

价值观是一种无形的概念，是一个人对什么是价值、怎样评判价值、如何创造价值等问题的一种看法。我们之所以强调树立正确价值观的重要性，主要是因为一个人的价值观在某种程度上统领和主导着人的思想和行为。当我们对某一事物产生自己的价值判断的时候，实际上进行最终判断的依据就是我们的价值观。这件事是对还是错，这个人是好还是坏，这些都由我们的价值观决定。

在日常生活中，我们经常将价值观作为人与人之间进行交际的基础，拥有同样正确价值观的两个人，更容易寻找到心灵上的默契。不论是合作伙伴或是身边的朋友，我们往往会选择具有相同价值观的人。

许多相亲的男女，初次见面，双方印象还不错，于是就开始进一步深入交谈。可是没聊多久，女的开始不耐烦了，男的也开始坐不住了，于是不欢而散。回去后家人询问进展如何，无论是男方或是女方总喜欢用一句"价值观不同，处不下去"的话来回复。

不同的价值观会直接导致人的思想认识和行为方式的不同，很多时候人的价值观不同，想要相处下去的确很难。除此之外，对于个人而言，价值观的正确与否也直接影响到人的心理和整体发展。

我们说，拥有正确的价值观能够促进一个人的发展之路更加顺畅，那么，价值观的正确性具体表现在哪些方面呢？

第一，正确的价值观体现在对生活、对工作的热情上。

无论是在生活上还是在工作上，正确的价值观能够激发出我们更多的热情，特别是对于一些创业者而言，正确的价值观能够让其始终保持饱满的工作热情来面对创业路上的各种艰难和险阻。

当我们对事物的判断有了一个正确的认识时，就会愿意去付出，去拼搏，自然也会投入更多的热情。这种热情不仅能够促进我们自身的进步，还会带动身边的人一起去创造。

有句老话："源静则流清，本固则丰茂，内修则外理，形端则影直。修养之于心地，其重要犹如食物之于身体。"大概的意思就是水流的清澈取决于源头的清净，树木枝繁叶茂取决于根基牢固，外形端庄有礼取决于内心的修为，影子的正直取决于形体的端正。不管是大自然中的树木、水流，还是我们人类自身，想要取得外在的美丽，就要从内在美做起。

正确的价值观就是我们内在修养的源泉，只有对某件事发自于内心地产生兴趣，产生热情，才能真正带动行为方式的主动性和正确性。

第二，正确的价值观体现在积极向上的态度上。

近两年，网络上十分流行"态度"一词，工作需要态度，学习需要态度，甚至于养只小宠物也需要态度。人们对"态度"的推崇也是不无道理的，积极的态度能够促使人们在做事时更加认真负责，遇到困难时也更加勇于面对。

而我们所需要的积极向上的态度究其根本还是来源于正确的价值观。正确的价值观具有较强的引导力，它能够引导我们的精神面貌和行为取向往更加健康、更加正确的方向发展，并且能够逐渐转化成一种积极向上的生活态度和工作态度。不管是在日常工作中或是生活中，当我们拥有正确的价值观，积极向上的态度时，我们就能够更加心平气静地面对每一件事，不急不躁，不易动怒，豁达大度，低调淡泊。面对困难，我们从容应对；取得成绩，我们继续进取。这样积极向上的态度，才能带领我们领略到生命中真正的美好。

第三，正确的价值观体现在高尚的情操上。

所谓高尚的情操实际上就是力量与智慧的完美结合，而正确的价值观通过自身的黏合力能够巧妙地将两者结合在一起，形成一种能够激发我们不断进取、坚持不懈的精神。

人的一生可能会遭遇到无数次的挫折与打击，理想中的一帆风顺几乎是不可能的。当面对各种困难的时候，如果没有一种正确的价值观就很难坚持下去，选择放弃也就选择了失败，这样的人生并不是我们想要的。

那么，这个时候，我们就要从根源上解决这个问题，树立正确的价值观，培养高尚的情操，用一种永不言败的精神去战胜寻梦路上的各种困难。

亚伯拉罕·林肯是美国历史上的第十六任总统，是著名的政治家、思想家。在位期间，林肯废除了美国黑人奴隶制，击败了南北分裂势力，保卫了美国领土，被誉为是美国最伟大的总统。

但是，这样一位伟大的领袖在成为总统之前却遭遇了重重的挫折与阻碍。林肯出生于一个贫苦的家庭，从小帮着家里做各种的农活，少年时做过摆渡工、种植工人，18岁的时候在一艘轮船上工作，但是在22岁的时候却不幸失业。在25岁之前，林肯几乎没有固定的工作，他曾做过生意，但是由于经验不足生意很快就维持不下去。生活窘迫的他又迎来了生活中的又一次打击，他的妻子因病去世。由于过度伤心，林肯一度精神崩溃，入院数次。但是，这一切都没能阻止林肯前进的脚步，他开始寻求自己的政治之路，34岁他第一次竞选联邦众议员不幸落选；36岁他再次竞选联邦众议员，仍然落选；45岁竞选联邦众议员，还是落选。

当我们觉得他也许会放弃的时候，47岁的他开始竞选总统，仍是不断地落选，仍是不断地重新再来。终于经过了长达31年的努力和坚持，52岁的林肯终于当选上了美国的第十六任总统，并由此诞生了美国历史上最伟大的总统。

林肯的经历在很多人看来是不可思议且难以接受的。他的一生似乎经历了无数的打击和失败，但是他却始终没有放弃，这样的品格和情操全都来源于其正确的价值观。人生的道路不可能永远是顺境，也许在某个阶段你没有遇到过任何的困难，但是这并不代表以后的路仍能畅通无阻。之所以倡导大家拥有正确的价值观，就是要我们在身处逆境的时候，能够拥有一份坚持到底的热情和永不放弃的信念。

一个人拥有了正确的价值观，也就代表着拥有了热情的情绪、积极的态度以及高尚的情操。这些都是来自于内在的优秀品质，能够从根本上引导我们做出正确的行为，进而取得更好的发展。

在现实生活中，有太多的人执迷于追求物质财富，追求更好的生活质量，这些都是人之常情，没有对错之分。但是要在有限的物质财富中寻求更长久的发展，就需要无限的精神财富做支撑。只有这样，我们才能在精神世界里收获一生中最宝贵的财富。

8. 掌控自己的情绪，永远保持巅峰状态

当我们走在人生的路上，可能会遇到很多的敌人，有的人觉得自己最大的敌人是缺少伯乐，没有机会；有的人觉得自己最大的敌人是缺乏经验，资历浅薄；还有的人觉得自己最大的敌人是生不逢时，竞争激烈。实际上，这些都不是我们人生路上的劲敌，我们所遇到的最大的敌人是缺乏对自己情绪的控制。

还记得上学那会儿，课间十分钟和同桌闹别扭，上课时怎么也听不进去老师讲课的自己吗？还记得公司开会时，和竞争对手吵了几句，再发言时言语里的愤怒和不淡定吗？还记得在创业过程中，遇到了点儿麻烦，整日郁郁寡欢，愁眉苦脸的自己吗？那个时候的你遇到的就是人生中最大的敌人，也就是自己失控的情绪。

掌控自己的情绪，能让我们永远保持一种巅峰状态。从某种意义上说，掌控了自己的情绪也就掌控了自己的人生，我们就能够成为自己最想成为的人。

当我们无法掌控自己的情绪时，愤怒就会让我们变得怒不可遏。这样的情绪，不仅会让身边的朋友远离我们，更会让合作伙伴望而却步，被愤怒冲昏的头脑更有可能让我们错失生命中十分重要的发展机会。

当我们无法掌控自己的情绪时，消沉就会让我们变得萎靡不振。这样的情

绪，不仅能够轻易打败任何强壮的躯体，还会让我们迷失前进的方向，丧失拼搏的勇气。在这样的状况下，无论前方的风景有多么炫彩，我们所看到的也仅仅是毫无生气的黑白。

在日常生活中，人们的情绪很容易受到周围环境的影响。大家回想一下，在一个公共场合，如果有人先打了一个哈欠，紧接着是不是会有很多人也打起了哈欠。我们常用"打哈欠是会传染的"的说法来解释这一现象，实际上这不是传染，而是一种来自外界的信息暗示，这种暗示会影响我们的自我认知。我们的情绪变化就是受这种外界信息暗示的影响，或高兴，或愤怒，或消沉，这些都会产生一定的变化。

我们常常将人分为理智型和冲动型。理智型的人一般能够极好地控制自己的情绪，最大限度地降低外界因素对情绪的影响。这一类人遇事时往往能够沉着应对，他们善于冷静分析和思考各种突发状况。而冲动型的人一般来讲情商较低，很难控制自己的情绪，在受到外界的刺激时，往往会很冲动，经常会不加思考地做出一些过激行为。

在世界台球领域内曾出现过这样一件事情：在一场世界台球冠军争夺赛上，选手刘易斯·福克斯在前面的比赛中发挥出色，占据了绝对的优势，顺利进入最后的决赛。在这场决赛中，所有人都认为刘易斯·福克斯一定能够成为最后的冠军，刘易斯·福克斯本人也是这么认为。但是这位胜利在望的实力派选手，打败了所有的竞争对手，最后却输给了一只苍蝇，准确地说他是输给了自己失控的情绪。

在决赛中，当刘易斯·福克斯信心满满准备击球的时候，突然一只苍蝇落在了主球上，刘易斯·福克斯急忙赶走苍蝇。可是当他再次拿起球杆准备击球的时候，那只苍蝇又落在了主球上，刘易斯·福克斯微微有些生气，再次赶走苍蝇。可是，接下来，这只苍蝇像是故意来捣乱似的，每当刘易斯·福克斯俯身准备击球的时候，它就会落在主球上。

就这样在苍蝇落下，飞走，飞走，落下多次之后，刘易斯·福克斯的坏情绪完全不受控制地爆发了出来，他极度恼怒地想赶走苍蝇，甚至用手里的球杆去击打苍蝇。这时，球杆没有打中苍蝇，反而触动了主球，裁判将他的这一行为判为击球，刘易斯·福克斯因此失去了一次击球的机会。

本来失去一次击球的机会并不足以让他落后于竞争对手，可是在那之后，刘易斯·福克斯的情绪受到了严重的影响，他似乎无法平息内心的恼怒，紧接着方寸大乱，连连失利。而他的竞争对手却在比赛中愈战愈勇，虽然在前面的比赛中，这位对手的成绩落后于刘易斯·福克斯，但是他并没有慌乱，而是稳稳地打出每一个球，最终击败刘易斯·福克斯成为了最后的冠军。

我们很难想象一位身经百战的实力战将，会在一次关键的决赛中输给了一只苍蝇。当我们进一步来探究这件事情的时候，我们会发现真正让刘易斯·福克斯惨败的并不是一只苍蝇，而是他自己。

有过打台球经验的人应该都知道，一只落在主球上的苍蝇根本不会给击球带来多大的影响。如果当时刘易斯·福克斯能够无视这只苍蝇，正常击球，也许他就是最后的冠军。可是它的情绪完全被那只苍蝇所影响，愤怒异常，丧失了理性，而他自己又不能及时控制住这种坏情绪，导致了在正常比赛中，他的坏情绪主导了他的行为，最终影响了他的正常发挥，错失了冠军的宝座。

有人说，情绪是很难控制的一种东西，看不见，摸不着，无法掌控。但是，我们应该明白的是，每个人都是自己情绪的真正主人。在人生道路上的诸多重要时刻，我们只有努力掌控自己的情绪，才能时刻保持理智，才能从容应对各种的困难与挫折。虽然，外界的环境和事物的确能够对我们的情绪产生一定的影响，但是只要我们学会掌控自己的情绪，就能够将这种影响降到最低，就能够保持一种积极乐观的状态，人生的道路也会更加顺畅。

那么，当我们的情绪受到外界影响的时候，应该怎样控制自己的情绪呢？

方法一：分散自己的注意力。

当我们因外界的某些事物而感到恼怒的时候，不妨转移自己的专注点，用其他美好的事物来分散自己的注意力。比如说可以通过散步、听音乐等较为轻松的活动来放松自己。当我们感觉到自己的情绪已经处在崩溃边缘的时候，一定要立即离开当时所处的环境，所谓"眼不见，心不烦"，当我们看不见那些影响我们情绪的事物时，情绪自然会得到相应的缓和。

方法二：适当发泄自己的不良情绪。

在我们的一生中，不论是工作还是日常生活总会遇到一些不开心的事，产生一些不良的情绪也是在所难免的。当我们心中的委屈、愤怒、不开心积累到一定程度的时候，我们就要学会释放这些情绪。每个人都可以通过自己的方式去发泄自己的不良情绪，可以是大哭一场或是美餐一顿，再或者是向身边的亲人倾诉自己的委屈，当我们把这些不好的情绪发泄出去的时候，就能够以一种积极向上的心态去面对任何的困难。

方法三：自我安慰。

我们曾经嘲笑狐狸吃不到葡萄说葡萄酸，其实小狐狸的这种做法又何尝不是一种自我安慰的好方式。当我们经受一次次挫折与失望时，无能为力却又不得不接受的时候，我们就可以像小狐狸那样进行自我安慰，以此来减少内心的失望。

方法四：学会暗示自己。

当我们感觉自己情绪快要失控的时候，一定要悄悄暗示自己"冷静""镇定""这样不好"。同时我们可以给自己一些产生紧张情绪的理由，比如"这个环境很陌生""这里的人我都不认识"等，这样就会让自己比较容易接受当时的情境，从而避免不良情绪的爆发。

别让失控的情绪毁了你的人生，阻碍你的前途。学会掌控自己的情绪，做情绪真正的主人，才能永远保持一种巅峰状态，才能在成长的道路上勇往直前。

9. 创造人生巅峰

人生巅峰是所有人穷极一生,不断追求的目标。它是人们对美好生活的最完整想象,也是人的一生中最难达到的阶段。

"不用多久,我就会升职加薪,当上总经理,出任CEO,迎娶白富美,走上人生巅峰。"这是前段时间一部热播的网络剧中被网友大加推崇的经典台词。很多人都觉得,这句台词说中了自己梦寐以求的人生,是人生巅峰的最完美诠释。升职、加薪、当总经理、娶白富美这些囊括了工作和生活中所有的最美好的事情,不仅事业有成,而且生活美满。

可是,这些仅仅是现阶段我们对生活的一种追求,当我们活在未来的高度,就要学着去创造属于自己的人生巅峰。

想要创造出属于自己的人生巅峰并非易事,很多的人都是在几经沉浮,历尽重重困难之后,才最终创造了属于自己的王国。

乔布斯是美国硅谷的传奇,但是他并不仅仅是美国的,更是全世界的。乔布斯以及乔布斯的"苹果"为全世界带来了几近完美的智能体验,在全世界掀起了一股"苹果"风潮。我们崇拜乔布斯,不仅仅是因为他为我们带来了"苹果",更是因为他那种在人生道路上屹立不倒，勇往直前，为创造人生巅峰而拼搏的精神。

我们看到的乔布斯多是风光无限的苹果CEO，而隐藏在这之后的则是鲜为人知的坚信与困苦。

乔布斯出生于美国旧金山，是一个被父母遗弃的孤儿，好在后来被一对好心的夫妇所领养。乔布斯从小生活在美国的"硅谷"附近，会经常接触到一些电子产业的人，这让乔布斯在很小的时候就对电子行业产生了浓厚的兴趣。

21岁的时候，乔布斯和朋友共同成立了一家电脑公司，由于乔布斯十分喜欢苹果，于是他就把公司命名为苹果公司。苹果公司在成立的最初阶段几乎没有任何的盈利，生意十分寡淡，但是乔布斯并没有放弃，而是坚持研发和创新。后来公司生意渐渐好转，研发出来的苹果电脑也受到越来越多人的肯定和喜欢。

1980年苹果公司上市，乔布斯成为了苹果公司身价排名第一的创始人。但是由于乔布斯的经营理念和公司其他创始人有很大的不同，再加上上市之后的苹果公司面临着严峻的市场竞争，董事会便决定撤销了乔布斯的经营权。1985年，乔布斯被迫离开了苹果公司。

但是离开公司的乔布斯并没有因此消沉下去，先是成立了动画工作室，接下来他用自己的努力和坚强创造了属于自己的人生巅峰。1996年，苹果公司陷入了史无前例的生存危机，已经临近破产的边缘，而这个时候的乔布斯已经成为了迪士尼的最大个人股东。但是面对处在生死一线间的苹果公司，乔布斯还是选择重新带领苹果公司渡过难关。回来之后乔布斯大胆进行改革，不断研发新的产品，终于帮助苹果公司度过了生存危机。后来，苹果手机、苹果电脑以及IOS系统的相继推出，终于引发了震动全世界的"苹果"热潮。乔布斯也成为了全世界科技行业内的传奇，走上了自己的人生巅峰。

乔布斯的人生巅峰就是改变全世界，为全世界带来更加先进、更加便捷的科技产品。他做到了，他成功了。

但是他这一路走得并不像我们想象的那么顺利，而是经历了各种挫折和打击。乔布斯曾经说过被苹果公司炒鱿鱼，是他觉得最棒的事。因为在那之后，他进入了一个绝对自由的创造阶段。在这个阶段里，他可以充分发挥自己的创造力和想象力，并且不断提升自己的思想境界，让自己始终处在一种积极向上的生活状态中。这些都为后来他回归"苹果"，创造人生巅峰打下了基础。

所谓的人生巅峰都是经过了千锤百炼才创造出来的，有的人可能活了百岁也不一定能够走上人生巅峰，但是有的人在短短数十年的时间里，始终不放弃对梦想的追求和努力，最终创造出了自己的人生巅峰。

当我们在定义人生巅峰这一概念的时候，应该站在未来的高度，用一种发展的眼光来审视这一境界。仅仅为了锦衣玉食？仅仅为了荣华富贵？如果真的是这样，很多登上人生巅峰的人在走到一半的时候可能就已经完成。抛开物质层面上的追求，真正的人生巅峰应该是精神上的一种高度。当你在精神世界里达到顶峰，不畏艰难，跌倒了再爬起，你的人生之路才会多彩斑斓，才能更有意义。

你听说过"褚橙"吗？没错，就是我们生活中经常吃到的褚橙，一种水果。那你知道褚橙最早的种植者褚时健吗？

褚时健曾是我国著名的"烟草大王"，是红塔集团的原董事长，曾被授予"中国十大改革风云人物"。褚时健出生于一个普通的农民家庭，参过军，入过党，经历过"文化大革命"，参加过劳动改造。1979年的时候被任命为玉溪卷烟厂的厂长，1990年被授予全国优秀企业家。但是由于企业的体制原因，褚时健深觉自己的付出和收获没有形成正比，心理落差不断加大，最终走上了贪污受贿的道路。

1999年，褚时健被判无期徒刑，剥夺政治权利终身。

2001年，由于在狱中表现良好，被减刑至有期徒刑17年。后来由于身患严重的糖尿病，褚时健获批保外就医，回到老家养病。这个时候的褚时健不仅身负牢狱之刑，还遭受着病痛的折磨。但是，在狱中的这些年，褚时健深深省悟自己的人生，认识到自身的错误，他不愿意背负着罪名终老。于是，他选择去创造自己的人生巅峰。

褚时健在保外就医的日子里,和妻子承包了老家的一片荒山,开始垦山种橙,勤勤恳恳,用自己的辛勤付出去创造一个新的人生。2000多亩山地种满了橙子,褚时健的褚橙一时间风靡了老家的大街小巷,成为了街头巷尾人们津津乐道的传奇。

2012年,褚时健的褚橙不仅通过电商渠道向全国开始售卖,还首次大规模进入北京市场,进入了褚时健心中的红色圣地。

几乎没有人会想到这个身患重病,满头银发,并且有过牢狱经历的老人,在经过了那么大挫折的时候还能重新站起来。他曾是人们极其厌恶的贪污受贿之人,但是他又是改过自新为社会创造财富的人民企业家。从拿人民的钱财到为人民创造财富,这个备受争议的人物一生起起伏伏,抛开政治立场,人民企业家褚时健的确是用自己的努力和付出创造了属于自己的人生巅峰。

人人都渴望在自己的有生之年到达人生巅峰,但是这一过程充满了各种艰难和险阻,它需要一个坚强、勇敢、不屈不挠的人去创造。你准备好了吗?

第2章
为人生设定101个目标

人生在世，总要有一个明确的方向，才能让我们在遇到挫折不知所措的时候重新踏上前进的道路，才能让我们找到内心真正的渴望。这就需要我们为自己的人生设定目标，而且要设定101个目标。

1. 人生，有目标才会有位置

  人生漫漫几十年，在这一过程中，如果你没有明确的目标，就会像没有根的蒲公英，风吹向哪里你就落到哪里；如果你没有明确的目标，就会像大海中找不到港湾的航船，浪奔向哪里你就行到哪里。没有方向，没有目标，没有迎风斩浪的勇气，你就到不了理想中的彼岸，更加找不到真正属于自己的位置。

  人生，只有目标明确，才能看到前进的方向，不管前面有多大的风浪，只要有目标，我们就能够找到自己的位置。

  在生活中，我们总能遇到一些人，他们从小就是三好学生，德智体美劳全面发展，是老师眼中其他学生的学习典范，是父母口中引以为傲的炫耀资本，甚至是我们父母经常拿来与我们比较的优秀的"别人家孩子"。

  但是，在这些优秀的人中，不乏有一些盲目跟随父母的引导，没有自己人生目标的人。这些人不管是在校园还是走进社会参与到工作中，总是给人一种十分被动的感觉。也许，沿着别人的指引，能够在学生时期取得不错的成绩，但是在踏入社会之后，如果没有自己的人生目标，很容易在遇到挫折之后不知道该走向何方。

  当我们走在创业之路时，我们可能遭遇到的困难是无法预测的。现实可能会给你一个不痛不痒的小教训，让你长点记性。但是，现实也有可能给你一记响亮的耳光，让你蒙了头脑，原地打转。如果这时你没有自己的人生目标，而是捂着脸坐在那里等着别人的援手，那你就有可能会永远坐在那里。

现实是残酷的，你的人生不可能永远都会有贵人相助，任何一个人，包括你的父母、亲朋好友都不是你的依靠，你所能依靠的就只有自己。当你处在迷茫之中，找不到前进的方向，你的人生目标就是最好的指明灯。明确自己的人生目标，沿着人生目标指明的方向不断前进，你就能够找到属于自己的位置。

在历史上，第一个游过英吉利海峡的人是一位妇女——费罗伦丝·查德威克。当时的费罗伦丝·查德威克已经34岁，已经算不上是身强体壮的年轻人，但是她热爱游泳，热爱挑战。于是，在一个浓雾密布的清晨，费罗伦丝·查德威克选择挑战自己，她从卡塔林纳岛下水，在浓浓大雾中开始向加来海岸游过去。

那天，雾很大，海水很冷，费罗伦丝·查德威克在冰冷的海水中冻得瑟瑟发抖，几乎丧失了意识。但是此时的她心中仍有一个明确的目标，那就是加来海岸。有了这样一个目标，费罗伦丝·查德威克始终坚持往前游。

在这个过程中，由于水温过低，费罗伦丝·查德威克冻得几乎昏厥。护送她的航船多次将她从水中拉起，待她稍微暖和之后，再将她放入水中。随行的人中有她的父母，两位老人不忍看到自己的孩子受苦，多次劝说费罗伦丝·查德威克放弃挑战。但是，费罗伦丝·查德威克始终坚持自己的目标不肯放弃，继续往前游。可是，由于水温过低，如果费罗伦丝·查德威克继续坚持的话就有可能造成生命危险，挑战被迫终止。

费罗伦丝·查德威克带着遗憾回到了家中，但是那个游过海峡的目标仍然存在于她的心中，费罗伦丝·查德威克不愿意轻易放弃自己的目标。于是在两个月之后，费罗伦丝·查德威克再次继续自己的挑战。这一次，费罗伦丝·查德威克仍然坚持自己的目标，始终向前，朝着一个方向不断努力。最终，费罗伦丝·查德威克成功游过了英吉利海峡，成为了第一个游过海峡的女人，而且打破了男子纪录。

费罗伦丝·查德威克的成功不仅离不开她高超的游泳技能，更加取决于她拥有自己的目标以及坚守目标始终不放弃的精神。

面对人生中一个艰难的挑战，如果费罗伦丝·查德威克没有一个明确的目标或者没有坚守这个目标，那么在茫茫大海中她很容易就会迷失方向，丧失斗志。但是，即使环境再怎么恶劣，费罗伦丝·查德威克始终坚守自己的目标不放弃，最终才成为了游过英吉利海峡的第一人。

在我们的成长之路上，会遇到各种各样的困难，我们可能面临失业，可能遭遇天灾，可能在创业路上遭遇重重阻碍。我们也许会遍体鳞伤地仰望自己的希望，似乎近在眼前，又似乎遥不可及。但是，无论怎样，只要我们心中有目标，我们就会拥有前进的动力，就会在艰难困苦之际爆发出别人无法想象的毅力。

在现实生活中，有很多的人在忙忙碌碌几十年之后，始终没有找到自己的位置。也许这时他会抱怨别人，抱怨社会，但是这些真的是最根本的原因吗？当然不是，没有找到自己位置真正的原因实际上在于没有拥有一个明确的人生目标。

一个明确的人生目标能够在我们成长的过程中为我们指明前进的方向，向着这个方向，不断努力，坚持不懈，最终就能够找到属于自己的位置。所以，亲爱的朋友们，不管现在的你正处在人生的哪个阶段，都请重新审视一下自己，看看自己有没有一个引领自己前进的人生目标，这个人生目标是否明确，是否能够带领你穿越重重艰难，到达你心里的理想国度？

不要觉得花费一定的时间去设定一个人生目标十分浪费时间，你要知道有了明确的人生目标，你前进的脚步才会越来越快，你应对困难的勇气也会越来越多。当我们在心中牢牢记住自己的人生目标时，我们的心里就会产生越来越强烈的前进动力。为了心中的这个人生目标，我们就会开始思考怎样去实现这个目标，怎样才能更好地解决在这一过程中所遭遇到的种种困难。这时的我们是强大的，是无坚不摧的，因为我们心中有为了目标不断努力、不畏艰难的信念。

对于一些身处创业阶段的朋友，拥有一个明确的人生目标更是必不可少的。创业阶段也许是人生中最艰难的阶段之一。在这个阶段中，你可能会遭遇经济上的压力，可能会由于没有足够的创业经验而很难盈利，更有可能身处激烈的市场竞争中面临生存危机。这时的你，需要做的就是坚守心中的目标，有了这个目标你就会不断激发出自己的潜力，努力去改变现状，解决问题，最终顺利渡过难关。

拥有自己的人生目标，能够让我们鼓足勇气不断前进。面对充满挑战与风险的现实生活，坚守自己的人生目标，能够帮助我们更快更准确地找到自己的位置，实现自己的理想。

2. 目标是通往快乐和成功的捷径

每个人都想拥有属于自己的成功和快乐，在人生的道路上不惜付出所有的精力去努力、去奋斗，为的就是获得最后的成功。

每个人对成功的定义都不同，有的人觉得获得无数的财富是一种成功，有的人觉得家庭美满幸福是一种成功，有的人觉得拥有自己的事业是一种成功，还有人觉得受到万人瞩目是一种成功……尽管每个人眼中的成功都有不同之处，但是不得不说，在自己的世界里获得成功是一件能够让人感到十分快乐的事。

儿时的自己可能仅仅因为一次期末考试的100分就觉得自己收获了成功，也因此收获了快乐；也有可能因为学会了游泳就能兴奋一整天，傻傻乐个不停。儿时的成功和快乐总是让人觉得很轻易就能够得到，但是，长大之后，踏入社会，处在一个全新的成长阶段，有了全新的生活轨迹，这个时候，我们总是觉得想要收获成功好难，想要获取快乐也很难。

成功和快乐是许多人的人生追求，但是对于很多人来说，这两样东西又总是很难得到。它们看起来就在我们身边，但是真正想要得到它们却需要花费很长的时间，也需要付出很多的努力。即使这样，最后也不一定就能够收获成功与快乐。大家回想一下，在我们的日常生活中，在我们的身边，是否存在着这样一些人，他们勤勤恳恳，踏实上进，努力了很长很长时间，却始终无法收获成功。

我们不知道是因为成功还没来，还需要耐心等待，还是因为他们选的这条路压根就无法通向成功。倘若真的是这样，我想他们不仅得不到遥不可及的成功，更加会在人生的道路上丧失继续前进的勇气。

这样的事情多少会让人觉得十分惋惜，倘若是那些整日游手好闲，不思进取的人落得这样的下场还会让我们觉得合理。但是对于一些为了人生不断努力的人，却始终无法收获成功，这难免会让人觉得命运不公。

既然获得成功和快乐如此之难，那么我们何不选择一条通往成功和快乐的捷径呢？当然，这里所说的捷径并不是让大家不用努力的捷径，而是一条能够更加准确通往成功和快乐的捷径，那就是设定人生目标。

我们曾经说过人生有目标才会有位置，找到了自己的人生定位，就能够在较短的时间内做出真正能够实现梦想的行为，继而获得最后的成功和快乐。除此之外，我们之所以说目标是通往成功和快乐的捷径主要还是因为设定人生目标有助于我们在成长的道路上养成一种好习惯，并且能够坚持这种好习惯。

人生目标作为一个人一生中最大的追求，需要我们具备一个良好的为之奋斗的习惯。拥有了这个好习惯，我们才能在寻梦的道路上减少自己的出错率，才能更加准确地把握到成功和快乐的方向所在。

大家可以好好思考一下，在我们不断努力的道路上，到底有哪些坏习惯在影响着我们，又有哪些好习惯是需要我们进一步强化和坚持的，找到它们，把坏习惯剔除掉，把好习惯坚持下去。

有人可能会说，太难了。没错，想要改掉坏习惯的确不容易，因为每个人的习惯无论好坏，都不是一两日便形成的，而是经过长时间的重复性发生，才最终形成的。现在，我们想要改掉身上的坏习惯的确非常艰难，但是，我们想要收获成功和快乐，就一定要改掉那些阻碍我们不断前进的坏习惯。当我们觉得改掉自己的坏习惯太难的时候，就可以通过设定和明确自己的人生目标来帮助我们改掉那些坏习惯。

为了获得想要的成功和快乐，我们需要改掉身上的坏习惯，而这就需要先意识到自己身上存在着这种坏习惯。

保罗·盖蒂是美国十分有名的石油大亨，被称为"石油怪杰"。实际上，保罗·盖蒂是一位白手起家的商人，他的父亲曾从事石油产业，因此在他很小的时候便耳濡目染逐渐对石油产业产生兴趣。但他在创业初期并没有足够的资本，只是凭借着对成功的渴望和追求，在经过了多年的起起落落和努力拼搏后，保罗·盖蒂终于成为了20世纪60年代的世界首富，成为了一个收获了成功和快乐的人。

但是在这之前，人们可能不了解，保罗·盖蒂曾是一个嗜烟如命的人，他十分喜爱吸烟，并逐渐将其变成了自己的一种习惯。可是保罗·盖蒂在一开始并没有意识到自己拥有这样一个坏习惯，直到有一次，保罗·盖蒂开车去度假，中途在一家旅馆过夜休息。

一天行程所带来的疲惫让保罗·盖蒂很快就进入了梦想，但是在睡到半夜的时候，保罗·盖蒂突然醒来，因为多年来他已经养成了一个在半夜吸一根烟的习惯。于是他开始从外套口袋里掏烟，但是烟盒却是空的，紧接着他又开始翻行李，仍没有找到烟。

他清楚地知道，这个时候街上的商铺都已经关门，要想买到烟只有到小镇最南边的火车站去买，而此时的他却处在小镇的最北边。保罗·盖蒂的烟瘾上来了，抽烟的欲望也越来越大，于是保罗·盖蒂穿上衣服，准备出门。但是，当他伸手去拿车钥匙的时候，突然停了下来，他问自己一句：我难道要在大半夜穿过整个小镇仅仅是为了去买一包烟吗？这样真的值得吗？

想到这，保罗·盖蒂觉得自己的行为实在太荒唐了，于是他脱掉衣服继续上床睡觉，并下定决心以后再也不抽烟了。那一夜，保罗·盖蒂睡得异常香甜，因为，他觉得自己胜利了，取得了成功。自此以后，保罗·盖蒂就再也没有抽过烟，用更加强健的身体投入到自己的事业当中。

抽烟是一个坏习惯，但是在最开始，保罗·盖蒂并没有意识到，而是任由它影响着自己的正常生活。在那次度假之后，保罗·盖蒂终于意识到抽烟不仅会对自己的身体造成伤害，更会影响到自己在人生道路上的拼搏。于是，保罗·盖蒂毫不犹豫地改掉了这个坏习惯，因为他知道要想获得成功和快乐就一定要先改掉自己的坏习惯，拥有这个目标后，保罗·盖蒂的坏习惯很快就改掉了。

人生目标有一种我们看不见的积极力量，这种力量能够帮助我们发现自己身上的坏习惯，并且积极改掉这些坏习惯。为自己设定人生目标的人要比那些没有人生目标的人更加容易改掉自己身上的坏习惯。

获得成功和快乐并不是一个偶然的结果，而是一种长期坚持和努力的结果。为了这一结果，我们需要将具有持续性和明确目标性的计划付诸行动。如果我们仔细观察，会不难发现，有很多的成功人士他们都设定了自己的人生目标，并且都有一些长期坚持的好习惯，这些好习惯会进一步助力他们通向最终的成功和快乐。

3. 设定 101 个目标，过平衡式人生

每个人的奋斗过程，都需要设定人生目标。有了人生目标，我们在发展的道路上就能够更加准确地找到自己的位置，进而收获更多的成功与快乐。我们总想着，通过自己的努力实现设定的人生目标后就一定能够实现自己的理想，让自己的人生更加圆满。可是，在这个世界上却仍然存在一些虽然实现了自己的人生目标、取得了成功，但却在余下的人生中失去了前进方向的人。

海明威是20世纪美国最著名的小说家之一。第一次世界大战时，为了人类的和平，海明威放弃了国内记者的职业，选择了参军。在战争中，因为英勇善战，海明威被授予了银制勇敢勋章。战争结束后，他开始写作，早期的作品《老人与海》先是获得了普利策奖，后又获得了诺贝尔文学奖。后期的《太阳照常升起》和《永别了，武器》则被列入了美国"20世纪中的100部最佳英文小说"之中。

海明威的作品将信念、勇气、顽强和力量完美地融合在一起，带领着人们重新审视自己的灵魂。海明威是世界文坛中的硬汉，他总能带给人们更多的希望。美国人民将海明威视为整个美利坚民族的精神丰碑，因为他让整个民族都笼罩在一种坚不可摧的信仰中。海明威不仅在欧美文学界取得了巨大的成绩，对于整个

民族的振兴也起到了很好的精神导向作用。

但是在海明威的《老人与海》获得诺贝尔文学奖之后，这位带有传奇色彩的文学大师，却选择了自杀来结束自己辉煌的一生。

对于一位文学大师而言，诺贝尔文学奖是至高无上的荣誉，是文学界所有人的人生目标。海明威实现了自己的目标，但是在实现了这一目标之后，他却离开了这个世界。

是什么让这一伟大的文学家在实现了自己的人生目标后选择离开人世？我们常常羡慕海明威实现了自己的人生目标，但是我们可曾想过，他的离开可能也正是因为实现了这一人生目标。

通常情况下，对于一个在自己人生道路上努力多年最终却选择自杀离世的人而言，多是由于这两个原因：人生目标没有实现和人生目标实现了。

由于人生目标没有实现而选择自杀离世的人，我们还是能够理解他的这种行为。但是实现了人生目标，却最终仍然选择自杀离世，就让人难免有些费解。

其实，换个角度来思考这个问题可能就会寻找到答案。一个人在有生之年完成了自己设定的人生目标，是喜悦的。可是，当这个人生目标完成之后，并没有新的目标来引导他继续前进，这个时候，人就容易陷入一种迷茫之中，不知道自己应该往哪里去奋斗，找不到了前进的方向，自然也就没有了前进的勇气。这样想来，倒是像为那些看来十分成功的人最终却落寞收场找到了一个合适的理由。

所以说，人生不能只设定一个目标，而是应该设立101个目标。当我们完成一个目标之后，紧接着我们还可以继续为下一个人生目标而奋斗。因为有目标，所以我们始终明确自己前进的方向，我们知道还有很多的事情需要我们去完成，因此也就有了不断前进的动力。这样，也就不会出现在完成了一个目标之后失去方向，迷茫无措的现象。

设定101个人生目标是近些年十分热门的话题，许多的讲师、作家都倡导每个人都应该设定101个人生目标，以此来平衡我们的人生，让我们在人生之中的每一个重要节点都能准确找到前进的方向。

那么，为什么要设定101个人生目标呢？

第一，人生的每一个目标都需要一个酝酿期。

我们可以在很短的时间内确定自己的人生目标，比如想要获得成功和快乐，想要找到人生中的制高点。明确目标很容易，但是想要实现目标却需要长时间的努力和坚持。在这个过程中我们可能会遭遇到各种各样的困难，为了解决困难我们会努力提升自己的整体实力。所以这一过程不仅是目标实现之前的酝酿期，也是自我提升的准备期。

美国著名演员麦当娜，在十几岁的时候就设定了一个让全世界都认识自己的人生目标，为了实现这个目标她付出了常人想象不到的努力，现在我们看到的麦当娜美丽、优雅、风光无限。但是这风光背后却经历了长达几十年的酝酿期。为了实现这个大目标，麦当娜在这期间又设定了无数的小目标，比如一年开多少场演唱会，一年演多少部电影等。正是通过一步一步实现这些小目标，麦当娜的大目标才最终得以实现。

为我们的人生目标筹划一个酝酿期，是实现目标最有效的方式，通过一步步勤勤恳恳的努力，我们的目标在经历了各种洗礼之后必将实现。

第二，不同的人生目标能够在每个阶段带给我们新的能量。

想要完成自己的人生目标，就要做好迎接各种挑战的准备。在我们实现人生目标的过程中，可能会遭遇到各种各样的困难，这个时候，就需要足够的能量去支撑我们直面这些困难，打败这些困难。而101个不同的人生目标能够在不同的阶段带给我们全新的能量，引领我们与困难展开全面的抗衡。

我们所说的101个人生目标，并不是集中在某一个时期，或是某一个时间段，而是均衡地分布在我们人生当中的每一个阶段。这些目标各种各样，有长有短，有大有小，贯穿在我们生活中的各个领域。我们所要做的就是在合适的时间点完成相对应的目标，而且不管这个目标是什么样的，我们都要认真完成。在完成之后，我们又可以从下一个目标中寻找全新的奋斗方向，汲取充足的能量。就这样，在不断完成一个又一个人生目标的过程中，我们积累的能量也越来越强大，最终让我们的人生更加圆满，更加平衡。

101个人生目标有101种不同的精彩，想必没有人想要单一乏味的人生，所有的人都希望自己的人生能够多姿多彩，能够充满各种喜悦。但是，如果我们的人生只有一个目标，我们为之不断努力，不断拼搏，最终实现了这个目标，那么之后呢，我们还要做些什么？不知道，因为我们没有设定新的人生目标，失去了前进的方向。

我们的人生需要更多的精彩和惊喜，那么就需要用各种不同的人生目标来丰富我们的生活，让我们的人生处在一种平衡的状态之中。设定101个人生目标，为101个目标不断努力和拼搏，我们收获的不仅仅是成功，更能让我们感受到101次的惊喜和快乐。当我们一直处在快乐之中的时候，我们就会充满积极向上的正能量，那么，面对下一个目标也就更加努力去实现。如此，在一个良性的延续过程中，我们的人生也将更加平衡。

4. 一直写你十大领域中的 101 个目标

生活每天都不一样，我们渴望着每天都能够从生活中收获惊喜与快乐。想要得到我们意想不到的成功，就要充分发挥自己的想象力，并且充分利用这种能力，写下在生活十大领域中的101个目标。

可能很多人会觉得完成101个目标是一件十分困难的事，这样的挑战对于一些人而言是想都不敢想的事。但是要知道，在我们的一生之中，只有不断努力，才能够看到生活多彩的一面，才能实现自身更多的梦想。

很多时候，当我们为自己人生中设定的唯一一个目标去努力奋斗的时候，我们可能会在不知不觉中忽略掉其他的梦想与追求。我们以为我们想要实现的仅仅是那一个目标，但实际上，生活中还有许多能够让我们感动的事情。例如有些人会将事业有成、荣华富贵作为一生追求的人生目标，但是，这仅仅只能作为在事业上的一种目标和追求。人的一生会涉及多个领域，除了事业，也应该将其他领域的目标一一明确。当我们在人生中的十大领域写下101个人生目标的时候，我们会发现，原来生活可以如此多姿多彩。

日常生活领域

（1）每天早上6点钟起床，无论刮风下雨，无论工作日或休息日。

（2）每天早上坚持读书看报，准备一本自己喜欢的书，买一份当日的报纸。

（3）每天早晚坚持刷牙，将其作为自己的一项必不可少的生活习惯。

（4）每天早起喝一杯水，每天坚持至少喝八杯水。

（5）每天按时吃三餐，善待自己，不委屈自己的身体。

（6）每天出门之前都要在镜子前给自己一个灿烂的笑容，说一句："你很棒！"

（7）每天坚持锻炼至少1小时，管理好自己的体型，做最健康美丽的自己。

（8）每天保持至少7个小时的睡眠，为自己的梦想提供充足的精力。

（9）每天使用手机的时间不能超过2个小时，放下手机，多和身边的人交流。

梦想领域

（10）成为一个身家过亿的富翁，拥有花不完的金钱。

（11）和自己心爱的人带着一颗轻松愉快的心环游世界，走遍世界的每个角落。

（12）帮助所有需要帮助的人，给他们创造一个衣食无忧的生活。

（13）拥有一颗用自己名字命名的星星，用最浪漫的心去观察生活中的种种。

（14）拥有一栋豪宅，面朝大海，春暖花开。

财富领域

（15）拥有一家大企业，稳定、高效，不需要花费太多精力每天都能收入百万。

（16）向山区的孩子捐款2000万，让他们能够像城市孩子一样学习、生活。

（17）把自己的钱拿出来一半进行投资，赚更多的钱。

（18）把投资剩下的钱帮助更多的年轻人赚到钱。

（19）买一架私人飞机，出门都是在天上飞。

（20）为国家把流失在外的国宝全部买回来，捐献给国家。

（21）买一座私人小岛，上面设施齐全，有山有水有游泳池，无论什么时候都可以过去度个假。

（22）拥有数百家全国连锁的五星级大酒店，每家酒店都留有一间只属于自己的套房，自己可以随时入住每个地方。

学习领域

（23）成为世界上最聪明的人，能够解决世界上所有的难题。

（24）会说世界上至少10个国家的语言，并且说得非常地道。

（25）学习别人都不感兴趣并且觉得十分困难的事情，掌握它、运用它。

（26）学习游泳，成为一名能够成功穿越英吉利海峡的游泳健将。

（27）学习舞蹈，让自己看上去更加优雅、美丽、有内涵。

（28）每天都要学习新的知识，看更多的书，了解更多的事。

（29）学习轮滑，能够完成各种难度的花样表演（最起码要比广场上那些小朋友要滑得好）。

（30）学习服装搭配，让自己看起来是一位时尚达人，能够掌握最流行的时尚信息。

（31）学会打理自己，化妆、造型样样精通。

（32）学习做饭，炒得一手好菜，不说满汉全席样样精通，至少能做出一桌像样的年夜饭。

（33）学习画画，用各种色彩勾勒出自己眼中的世界，举办自己的画展。

（34）学习摄影，用小小的相机记录下身边所有的美好瞬间。

（35）学习最基本的急救措施，在一些突发事件中，能够帮助需要帮助的人。

（36）学习骑摩托车，在山路上尽情飞驰，做最酷最潇洒的自己。

（37）年老时，写一本个人传记，将自己的人生经验传授给下一代。

（38）学会用电脑，成为一名电脑高手，任何的电脑难题都能够解决。

（39）学会投资理财，利用小额的钱赚取大额的钱。

（40）学习武术，成为一名会中国功夫的人。

感情领域

（41）有一个相爱一生，不离不弃的爱人。

（42）和相爱的人一起坐在山顶看流星，许心愿。

（43）和相爱的人一起背着大大的旅行包四处流浪，看更多更美的风景。

（44）和相爱的人在热气球上约定终身，让蓝天白云为我们见证。

（45）和相爱的人一起去寒冷的南极看企鹅，一起穿成企鹅的样子。

（46）拥有一个浪漫的沙滩婚礼，阳光正好，风和日丽。

（47）和心爱的人互相交换定情信物，并且将之保存至老。

（48）和相爱的人尽情跳舞，无拘无束。

（49）和相爱的人一起去蹦极，相拥在一起，感受心惊肉跳的刺激。

（50）和心爱的人一起潜水，去看看海底的世界。

亲情领域

（51）和父母永远在一起。

（52）妈妈做的饭菜，每次都要吃，并且夸赞很好吃。

（53）每天给爸妈一个拥抱，表达出自己对他们的爱。

（54）如果因为工作去外地出差，无论坐车还是坐飞机，出发前和到达后都要给他们打个电话报平安。

（55）每个周末都要陪爸爸一起下象棋，和他说说自己在工作上遇到的事。

（56）如果父母眼睛花了，一定要定期帮助他们剪指甲。

（57）和自己的兄弟姐妹每周都要聚餐一次。

（58）不再让父母为钱而担忧。

（59）每个月都要给父母一笔钱，即使他们不花，也要给他们。

（60）给妈妈买颜色鲜艳的衣服，告诉她，她还很年轻。

（61）带爸爸去看一场现场的球赛。

（62）给父母买当下新鲜有趣的玩意儿，让他们时刻感受社会的进步。

（63）每个季节带父母旅游一次，让他们感受一年四季不同的美景。

（64）给爸妈拍一套婚纱照，给妈妈涂上最漂亮的口红。

（65）每年过年都要厚着脸皮给爸妈磕头要压岁钱。

友情领域

（66）有三个无论发生什么事都不会离开你、怀疑你的死党。

（67）结交更多的新朋友，认识不同领域的人。

（68）好朋友向你借钱，不要问有什么用，如果他愿意告诉你，自然不需要你问，如果不说，说明有难言之隐。

（69）和朋友一起喝酒，大醉一场。

（70）朋友的电话，一定要接。

（71）和好朋友一起去旅游，探险，发现未知。

（72）邀请自己的好朋友到家里做客，亲自下厨招待。

（73）和朋友不开没有底线的玩笑。

（74）如果发生矛盾，不牵涉彼此的家人。

事业领域

（75）创办一家自己的公司。

（76）认真完成自己的工作。

（77）善待公司里的每一位员工。

（78）给予员工丰厚的福利。

（79）投资一些不动产。

（80）招纳更多的年轻人才进入自己的公司。

（81）优化公司里的办公环境，让所有人感觉轻松自在。

（82）不开没有必要、消磨时间的会议。

（83）不断学习新的知识，充实自己。

（84）为员工定期组织培训，提升员工的综合实力。

（85）和员工一起聚餐，让他们感觉自己是一个和蔼可亲、幽默风趣的人。

个人健康领域

（86）拥有自己的健身房，每天锻炼至少一小时。

（87）保持好自己的体型，不做肥胖的人。

（88）能够轻松完成100个仰卧起坐。

（89）每年至少去做一次健康检查。

（90）正视自己的健康状况，如果有问题一定积极接受治疗。

（91）爱惜自己的身体，不吸烟，不嗜酒。

（92）不把工作带到生活中，减少自己的精神压力。

（93）饮食清淡，不吃油炸、麻辣的食品。

（94）让自己的身体时刻保持活力。

幸福领域

（95）拥有一个儿子、一个女儿。

（96）每天都和孩子共进晚餐。

（97）买一辆可供一家人出去游玩的房车。

（98）和家人一起去国外度假。

（99）家里有一间书房，和孩子们一起读书。

（100）每个节日都为家人准备礼物。

（101）每天都和家人真诚拥抱。

每个人一生中的101个目标都会多少有些不同，但是，当我们写下属于我们的101个人生目标时，我们会发现原来生活如此丰富美好，因为它会给我们人生的每一个阶段都带来惊喜和快乐，让我们感受满满的幸福。

5. 找到自己人生的六大核心目标

我们说，我们需要给自己的一生设定101个人生目标，这101个人生目标涉及生活中的十大领域。我们在不断完成这些人生目标的过程中，能够收获越来越多的快乐和喜悦，能够感受到生活中各种各样的幸福与美好。我们的人生需要这样的惊喜，需要这样的人生目标。在这些人生目标的驱动下，我们每天都能够满怀激情，能量满满，我们看到的是之前不曾想象的风景，我们体验到的是生活带给我们的惊喜。

我们所设定的这101个人生目标可以说是一些相对零散且细致的目标，而且多是在日常行为中就能够实现。但我们在为了实现这些目标不断努力的时候，首先应该明确自己人生当中的六大核心目标。也就是说，每个人除了设定101个人生目标之外，还应该进一步明确自己人生中的六大核心目标，以上所设定的101个人生目标实际上都是围绕着这六大核心目标来进行的。

在这个世界上，无论任何人内心都存在对某些事物的深度渴望，但也只有自己才知道真正需要的是什么。跟随自己的内心，去完成自己的人生目标，才能够最大限度地满足内心的需求。

人生的核心目标是人们努力奋斗的一个总体的方向，朝着这个方向努力，我们能够看到人生当中最真实的自己。我们说，人生不能没有目标，人生更加不能没有核心目标。正如一艘航行在海面上的轮船，别说是面对漫漫长夜和惊天骇浪，就是在一个风和日丽的午后，如果没有船舵确保航行方向的正确，这艘船最终也是没有办法到达彼岸的。

　　人生亦是如此，每个人的成长之路都是漫长而又充满危险的，没有人知道未来可能会遭遇怎样的困难险阻。校园时期的我们，生活虽然相对安逸，但是我们仍然处在为人生奋斗的阶段，此时，如果对自己的未来没有一个明确的努力方向，年轻气盛的我们很有可能误入歧途，走上一条永远到达不了彼岸的道路；当我们离开校园，走进社会，所遇到的困难将会更多，在职场上我们会面对全新的挑战，更多的压力。倘若你走的是一条创业之路，那么你更加需要明确自己的核心目标，因为在创业的过程中，所有的困难都会压向你一个人，所承受的压力也将是现在的你无法想象得到的。

　　在这样的状况下，我们所要做的就是找到自己人生的六大核心目标，这六大核心目标能够在我们成长的各个阶段为我们指明前进的方向，能够让我们在最短的时间内鼓足勇气重新出发。

　　每个人的人生追求不同，所设定的核心目标也是不一样的，有的人侧重于对金钱财富的追求，有的人则侧重于在精神层面上获得解脱，还有的人将更多的情感寄托在对家庭生活的呵护上，等等。不论侧重点有哪些不同，人生六大核心目标所涉及的领域基本上是相同的。一般情况下，人生的六大核心目标主要涉及的领域包括：财富、家庭、事业、生活、学习以及梦想。

　　目标一：拥有更多的财富，提升自身的生活品质。

　　在现实生活中，几乎大多数人的梦想都是成为一个富有的人。但是，当这些人说出自己的这一人生目标时，总是会引起别人的侧目。因为课本里总是教导我们应该视钱财为粪土，应该追求更高的精神财富，而非物质上的享受。话虽这么说，但是我们生活在一个以物质为基础的现实里，当物质上得不到满足，别说所谓的人生理想无法实现，我们甚至连生存的资格都不具备。

想要完成人生的更多目标，我们首先要在物质上得到满足。这并不是盲目地追崇荣华富贵，而是对生活品质的一种追求。人生应该具备相应的生活态度，热爱生活，用心去对待每一天，才能发现生活中的美好。因此，我们将拥有更多的财富，提升自身的生活品质作为人生六大核心目标之一，就是从另一个角度来激励自己更加努力地去改善生活，这样能够从潜意识里激发出我们前进的勇气，增加我们不畏艰难的决心。

目标二：拥有幸福美满的家庭。

拥有一个幸福美满的家庭是所有人心中的渴望，人的感性总是能够让我们对家庭产生一种依赖感。我们渴望从家庭中得到更多的温暖，渴望家人能够给予我们更多的支持。

一些在外拼搏闯荡的人，无论是在事业上还是在生活上遇到挫折，感到疲惫时，即使无法回去，也总是会往家里打个电话。电话里，他们不会告诉家人自己遇到了什么困难，也不会告诉家人自己受到了多大的委屈，他们仅仅是听听家人的声音，说一些家常话，就能够从中寻找到慰藉以及继续前进的勇气。

我们常说，家是我们避风的港湾，实际上家也是我们重新起航的起点，更是我们补充能量的加油站。以拥有一个幸福美满的家庭为人生核心目标，能够激励我们永不知疲倦，一路向前。

目标三：做一个事业上的强者。

在现实生活中，无论男女都想在事业上取得一定的成就，这是物质生活上的保障，也是实现自我价值的一种方式。

当我们走出校园，踏进社会的时候，开启的就是一个全新的奋斗之路，我们需要在事业上开辟一片属于自己的新天地，在这一领域内，我们的才华，我们的能力都将得到进一步的证实。做一个事业上的强者，让我们得到的不仅是物质上的财富，更能够得到心理上的满足。

目标四：拥有轻松愉悦的生活。

当今社会，不管是在日常生活中还是在工作中，我们总会遇到各种各样的困难，所承受的压力也越来越大，这就让人们对轻松愉快生活的渴望越来越强烈。

曾有一个朋友对我说，他感觉自己已经被生活和工作逼到了黑暗的最深处，每天浑浑噩噩地生活，浑浑噩噩地工作，他不知道自己到底是为了什么，也不知道自己将走向怎样的未来。但是，他却不能停下来，因为他知道一旦停下来他很快就会被其他人所替代，整个社会也会抛弃他。

听完他说的这些话，我感到十分心疼，因为我知道他是一个十分努力的人，不愿服输，不愿落后于人，总是努力在工作。但是，他似乎并没有找到自己人生路上的核心目标，对于他来说，一种轻松愉悦的生活也许更加能够让他找到自我，进而体会到生活的美好。

目标五：学习更多的知识，让给自己变成一个在精神上十分富有的人。

有人追求物质财富，就会有人追求精神财富，而对于精神财富的追求，总能让人在心灵上得到一种解脱。在我们有限的生命当中，物质财富是有限的，但是精神财富却是无穷无尽，并且能够时时刻刻陪伴我们一生。

历史上，有许多的伟人在经受各种挫折与磨难的过程中，即使条件艰苦，仍然不放弃任何学习的机会，他们在学习的过程中寻找到精神食粮，然后凭借这种信念，克服重重困难，不断前进。所以，将学习更多的知识，做一个精神富有的人作为自己的人生核心目标就是为了在我们前进的过程中能够汲取到更多的能量。

目标六：实现自己的梦想。

每个人都有自己的梦想，有的想成为舞蹈家，有的想成为科学家，有的想环游世界，有的想为官从政。不要觉得自己的梦想不现实，大胆地去做梦，才能拥有实现梦想的机会。

我们将实现自己的梦想作为人生的核心目标，实际上就是在为自己的人生指明一个前进的方向。我们的所有努力与付出实际上都是为了实现自己的梦想。也许梦想很遥远，但是只要肯努力，总有实现梦想的那一天。

找到自己人生的六大核心目标，就能找到人生应该努力和前进的方向。我们的迷茫，我们的无助，实际上都是由于没有找到自己的人生方向所造成的。当我们明确了自己的人生核心目标，就能够在此基础上不断完善我们所写出的101个目标，我们的人生才能更加成功。

6. 做自己的人生教练

　　一个人的成功需要在经历了许多的失败之后才能实现，我们常说"失败是成功之母"，就是因为在不断的失败中，我们能够积累更多的成长经验，能够看到自己不完善的一面，能够通过不断的改变来完善自我，最终实现综合能力的提升，并取得成功。

　　很多人在失败之后，面对自己糟糕的表现，总是埋怨外界有太多影响自己前进的因素。比如客观环境的恶劣，别人的不友好，别人的恶性评价等，这些都被视为造成自己失败的原因。但是当我们觉得是外界的种种因素干扰了自己成功的同时，是不是也应该回头寻找来自于自身的缺陷，比如说，问问自己："我是完美无瑕的吗？""我所做的都是正确的吗？""我没有需要改正的地方吗？"……当我们平心静气地来考虑这些问题的时候，也许就会发现，原来真正出现问题的其实是我们自己。

　　我们曾经苦恼于别人为我们贴的标签，也曾对于别人给予的阻挠万分憎恶，唯独忽略了我们自身存在的缺陷。几乎每个人都是这样，对于别人身上的缺点总是能够清晰分辨，但是对于自己却总是被一种"我怎么可能会有错"的潜意识所干扰。这就使我们往往看不到自身的错误，也就导致了我们很难从根本上去解决这些问题。

那么，想要改善这一状况，我们就要从做自己的人生教练开始。

里根，美国的第四十任总统，被评为影响美国的100位人物中的第十七名。在他的任职期间，美国的经济和文化都得到了快速的发展。他所推行的经济政策不仅解决了美国社会的福利问题，而且填补了税赋规则的漏洞。这一经济政策被人们称为"里根经济学"。

这位优秀的领导人带领着美国走进了经济飞速增长的阶段，成为了让人万分敬仰的伟人。当别人为其送上鲜花和掌声的时候，却不知道这位伟人所取得的成绩是用别人想象不到的努力换来的。在里根的人生里，他就是自己的人生教练。从一个对自己行为负责的小男孩，成长为一个对整个国家负责的领导人。

里根小时候曾在一次和小伙伴踢足球的过程中，砸碎了邻居家的玻璃。孩子们看到闯祸了就纷纷跑回了家，唯独里根站在那里没有走。玻璃的主人听到响声出来之后十分恼怒，里根上前向老人承认了错误，但是老人并没有原谅他，而是要求赔偿。里根没有办法，只有回家向父母求助。父亲很生气，狠狠批评了里根，并且对他说："这是你自己犯下的错，应该由你自己来负责。我可以给你钱去赔偿玻璃，但是这个钱是借给你的，你必须想办法还给我。"里根想了想，同意了父亲的要求。于是在将钱偿还给老人后，里根开始利用空闲时间打些力所能及的零工，刷碗、送报纸，甚至捡些废品去卖，最后经过自己的努力，里根终于还上了借父亲的钱。

这是发生在里根生命中的一件小事，但是正是从这件事中，里根认识到了在人的一生中，真正能够让自己有所成长的唯有自己，只有做自己的人生教练才能够让自己认识到自身存在的不足与缺陷。

大家有没有过这种感觉，对于别人指出的错误，我们总是毫不在意。但是如果是自己认识到自身存在的某一缺点，我们总能够从根本上解决这一问题。这主要是因为，每个人从潜意识里都更加信任自己，相信自己所看到和所感受到的。

我们所知道的教练都是教导我们的人，是别人。这些人通过一些外在行为来纠正我们身上的某些缺点，引导我们向正确的方向发展。但是，在我们的潜意识里，这样的教练总是无法深入到我们的内心，他让我们改变的也仅仅是一些表面的问题。

想要解决问题，就要挖掘出问题的根源所在。对于我们每个人来说，当我们真正安安静静审视自己的时候，就会发现，在我们的身上还存在太多的缺点，我们并不是自己想象中的那么完美。当我们发现了这些问题，那么就需要解决这些问题，只有这样，才能从根本上优化自己，提升自己。

当我们打开自己的思维，活在未来的高度，就会用一种正确的态度来面对自己。做自己的人生教练，我们会看到更加全面的自己，有优点也有缺点，从根本上改变这些不足之处，我们的人生才能够更加精彩。

每个人一生的成败与否都与其他人没有任何的关系，真正发挥作用的是自己。当我们冷静理智、谦虚谨慎地去剖析自己的时候，我们看到的才是真正的自己。身边曾有一些人，因为生命中的一些挫折和阻碍就一蹶不振，这些人难道是真的没有能力重新站起来吗？我看未必，一个人只要具备足够的信念和坚强的毅力，无论遇到什么样的打击都会拍拍身上的灰尘重新出发。

实际上，让一个跌倒的人无法站起来的原因只有一个，那就是他根本就不相信自己能够站起来。当一个人遭遇到了某些打击的时候，他的身心都会受到一定的伤害，这种伤害会不断削弱他的意志，并且会像一个恶魔一样在他的脑海里面不断地碎碎念："你失败了，你永远也无法站起来，你已经失去了重新开始的机会。"这样的潜意识十分容易让人丧失斗志，这个时候，外界的鼓励和支持是无法发挥应有的作用的，而真正能够发挥作用的只有我们自己。我们要告诉自己："站起来，快站起来，你还有机会，越过这道坎，你就能看到更加美好的未来。"我们要让小天使打败恶魔，并重新在我们的身体里积聚起一股积极向上的能量，促进我们大步迈向前方。

　　做自己的人生教练，在人生中发现自己的种种缺陷，然后改掉它们。在这种不断改善的过程中，我们终将成长为能够战胜任何苦难的强者。

7. 规划自己的人生蓝图

  法国曾经有一位十分成功的传媒大亨，他在传媒领域艰苦奋斗了10年，终于从一贫如洗的穷小子成为法国有名的富翁。在这位富翁去世的时候，曾留下一个问题给世人："穷人最缺少的是什么？"并且表明如果有人能够回答出正确的答案，将得到100万法郎作为奖赏。

  这个消息刊登之后，立刻吸引了成千上万的人参与其中，这些人给出的答案也是各不相同。有的人认为穷人最缺少的就是钱，有的人认为穷人最缺少的是成功的机会，还有人觉得穷人最缺少的应该是能力……但是这些答案都不是那个媒体大亨想要的。一年过去了，还是没有人能给出正确的答案，于是富翁的律师就公布了正确答案："穷人最缺少的是成为富人的野心。"答案一出，所有人都震惊了，很多的穷人都不理解，为什么他们缺少的是一份野心。但是这个答案却得到了很多当时十分富有的人认可，他们一致认为，拥有一份野心才是制胜的关键。

  在这个案例里，富人们所倡导的"野心"实际上指的是"雄心壮志"，也就是一个人的远大志向。而这些都体现在一个人的人生蓝图里，在取得成功之前，我们需要将我们的梦想、我们的目标规划成自己的人生蓝图。一个连自己的人生蓝图都没有的人是很难创造出奇迹的。

想要规划出一张完美的人生蓝图，我们首先要有自己的梦想。有人可能会说，这个很容易，梦想谁都有。可是在现实生活中，你能够保证始终坚守自己的梦想吗？每个人的心中都有一个梦想，这个梦想体现了我们对人生的某种追求。我们常常以这个梦想为傲，因为这代表着我们对生活充满了希望。可是在面对残酷的现实生活时，我们似乎又很难抵抗种种困难的打击。

在我们遍体鳞伤之时，我们在意的往往是怎样用最好的方式去迎合这个社会，让自己免遭困难的袭击。可是，我们的梦想怎么办？要知道梦想与现实向来都是死对头，它们很难和平共处在同一空间。当我们选择臣服于现实，就需要抛弃梦想，任由生活掠走我们心中最真实的渴望。

梦想是上天给予我们每个人的礼物，它能够帮助我们大步迈向前方，能够在我们不知所措的时候为我们指明方向。但是，梦想又是如此脆弱，它需要我们用心去呵护。因为，我们所处的社会有太多太多威胁到梦想的因素，某些人、某些物或是某个大环境，这些都有可能从某个角度逼迫我们放弃自己的梦想。

而真正能够保护这些梦想的人，只有我们自己。小时候，我们可能会由于父母的要求而放弃自己的梦想；长大后，我们又可能因为现实的残酷而放弃梦想。我们给了太多人掠夺自己梦想的机会，可是，我们却不曾给过自己的梦想一个存活的机会。梦想是我们自己的，我们才是它们真正的主人，所以，不要让任何人替你做决定，你的人生应该由你做主，你的梦想更应该由你来掌控。

拥有自己的梦想并坚守自己的梦想仅仅是一个开端，想要成就自己的人生，获得最终的成功与快乐，我们还要去实现自己的梦想。可这并不是一件容易的事，这期间可能会出现种种困难，有可能会让我们迷失前进的方向。这个时候，我们就需要规划出自己的人生蓝图，制定一条明确的奋斗路线，这样我们才能更加高效地实现自己的梦想。

在规划人生蓝图的过程中，我们首先要做的就是正确认识我们的梦想，并且努力让我们的梦想与现实之间达到一种完美的衔接。尽管梦想与现实之间存在着太多的矛盾，但是由于我们身处现实当中，梦想就要在保持自我的基础之上和现实进行全面的融合。只有这样，我们的生活才能因为有梦想而更加精彩，我们的梦想也因为融入了生活而更具现实感。

其次，在坚守梦想的同时，我们还要对其进行适当的调整。梦想总是以一种近乎完美的形态存在于我们的脑海之中，我们所想象的梦想总是零瑕疵，无缺点的综合体。但是生活和未来都充满了太多的变数，倘若我们在前进的过程中突然发现这样的梦想根本无法实现，我们的坚持和努力也就失去了意义。

在这样的状况下，我们所要做的不是抛弃自己的梦想，也不是盲目地继续坚持下去，而是应该根据实际情况做出适当的调整和改变，以一种全新的形式和结构来诠释自己的梦想，给梦想一个坚持下去的机会，这样成功的概率就会大大增加。

比如说，一个孩子从小的梦想就是能够长出一双翅膀，这样就可以像鸟儿一样在天空飞翔。我们一起来解析一下这个梦想，这个梦想的最终目的是"飞翔"，在现实生活中可以通过很多形式来实现飞翔，但是他却在前面加了一个限定词"长出一对翅膀"，人体的生理构造决定了我们根本无法像鸟儿一样长出一对翅膀。也就是说，如果这个孩子坚持自己的这一梦想"长出一对翅膀去飞翔"，那么，他再怎么努力也是无法实现这个梦想的。但是如果他将自己的这一梦想进行适当的调整就会发现，想要实现飞翔还是可以的，因为在现实社会中能够实现在空中飞翔的方式有很多种。

所以说在规划我们的人生蓝图过程中，适当调整自己的梦想也是十分必要的。

规划自己的人生蓝图就是将自己的梦想和人生目标进行最合理的排序，以一种最容易实现的方式完成人生的完美蜕变。梦想不只需要去想，还需要去做，想着天上掉馅饼的好事终究是无法实现自己的梦想。按照规划好的人生蓝图，踏踏实实去实践，去为了自己的人生而奋斗，这样才能成为真正的人生赢家。

第3章
彻底拿掉大脑中的限制

当你在做某件事的时候,大脑中是不是有很多种声音在说:不要做,有危险,你不可能成功的……如果真的是这样,你就需要彻底拿掉大脑中的限制,别让它们成为你走向成功的绊脚石。

1. 彻底拿掉大脑中的限制

2014年7月12日,《十二道锋味》在浙江卫视首播,这是由谢霆锋主持的一个关于煮菜的真人秀节目,一经播出就受到了舆论的热议。

因为,谢霆锋这个备受争议的人物,即使是在人生低谷依然没有放弃努力,从拍电影、电视剧到唱歌,现在又转战餐饮业,一路奔波、一路不断挑战新的难题,都取得了优异的成绩。

在这个过程中,谢霆锋所付出的艰辛,观众也都看在眼里,他所得到的一切都是理所应当的。记得他曾经说过一句话:你要得到从来没有得到过的,就要付出从来没有付出过的!

是的,谁说娱乐明星就不能做餐饮行业?要想不断获得成功,就要彻底拿掉大脑中的限制,敢于尝试未曾尝试的事物,敢于付出别人从未付出过的艰辛,你就能获得你从未获得过的成功!

谁都不是天生的企业家、钢琴家、作家等一些卓有成就的人,每个人都是在不断尝试从未做过的事情,从而一步步取得成功。你想成为怎样的人,你就是怎样的人,这全由你大脑中的想法决定。如果你大脑里认定了自己是一个普通人,那么，你就只能成为一个很普通的人。

这是因为大脑中的一些限制给自己定位之后，你所做的一切都与你所定位的人物有关。如果你定位自己是一个慈善家，你就会主动伸出手去帮助他人，并且你不会和那些不喜欢帮助他人的人做朋友；如果你定位自己是一个老师，你就会热爱书本、热爱孩子、热爱学习，对不爱学习的人就会有些厌烦；如果你定位自己是一个歌唱家，你就会努力练习自己的歌喉，且无法忍受别人五音不全……

所以，除了身份定位以内的事情，你就不可能去尝试其他事情了。大脑限制了你的身份定位，你的身份定位又影响你的日常行为，凡是与自己身份定位不相符的事情，你都不会再去尝试。这样的行为模式，让我们在无形中与许多机会擦肩而过。

乔布斯之所以能够设计出那么完美的手机，就是因为他敢于尝试别人没有走过的路，没有被我们最常用的手机模型限制住，于是，苹果手机便横空出世了。乍一听上去，就连它的名字都不像个手机品牌，但是，谁又能说不可以拿最简单、普通、家喻户晓的东西的名称来命名手机呢？

苹果手机长期占据手机销量市场第一的位置，这充分说明了它有多成功。众所周知，其他品牌的手机都有很多按键，而苹果手机只有一个按键，其他品牌的手机都可以进行拆卸，而苹果手机则被设计成一体机。

由此可见，只有具有创新性的手机，才能获得消费者的认可。也就是说在彻底拿掉大脑中对手机原有造型的限制之后，再去制造手机，最终的结果往往是成功的。

同样地，每个人的梦想不一定非要相同，当明星看起来的确很光鲜亮丽，但是，他们背后的付出却不是每个人都能承受得了的。如果世间所有人的梦想都相同，社会也就无法发展下去了。只有敢于突破自己大脑中对成功的限制，你才能获得真正属于你的成功。

成为自己最想成为的人，也是一种成功。每个成功都不是单纯的复制，也不能被复制。那么，为了取得成功，你只有敢于突破，敢于彻底拿掉大脑中的限制。

海伦·凯勒说，人生，不是大胆的冒险，便是一无所获。如果你还在抱怨自己一无所获、无法创造奇迹时，其实是被自己的思维限制住了。那么，我们应该如何彻底地拿掉大脑中的种种限制呢？

首先，放空你的思想。

永远不要害怕想象，漫无目的地遐想并不是小孩子的专利，也能作为成年人放松、减压的不错方式。而在这无限的遐想中，你会感觉到思想在逐渐脱离既定的生活轨道，带你进入丰富多彩的世界。

在这个幻想的世界里，你可以主宰一切，可以做任何自己想要做的事情，在这里你可以重燃对未来美好生活的期待。但是，这并不是目的，当你完全放松之后，你的大脑会异常活跃，时不时就会迸发出很多看似不着边际，其实是很有可能实现的主意。这才是放空你思想的真正目的，去激发大脑产生更多有价值的思想，这些思想将让你成为不一样的人。因为，它是你拿掉大脑中的限制后而产生的思想，是守旧思想的重生，必然也能让你"重生"。

每天都应该有这么一个时刻，让自己放空思想，这不仅仅是一种放松，更是获得新能量的有效途径。久而久之，你会发现你的生活已经变成了另外一种样子，一种自己一直期待的样子，这是因为，你大脑中没有对很多事情的限制之后，你能做的事情就更多。选择的方式不同，所导致的结果也就不同，这就是放空思想的作用。

为了彻底拿掉大脑中的限制，放空思想是第一步，也是非常重要的一步。因为，在这个过程中，你是发自内心地改变，只有彻底改变思想，才能真正带动行动上的改变。

其次，去接触你讨厌的人和事。

我们常常会被"第一印象"限制住，当第一眼看到一个人或者某件事物时，由于"眼缘"不是很好，就认为自己不喜欢他，从而对这些人和事产生排斥感。

这种大脑的限制，会让我们错过人生中很多精彩的片段，因为第一印象并不能决定什么，只有在接触之后，才能更加理性地判断出，自己是否喜欢、适合。

因此，要学着主动去接触你所讨厌的人和事，在这个过程中，要么改变自己对这些人和事的态度，要么深入分析自己讨厌他们的真正原因。

通过这种行为，你很快会发现，其实大部分你认为自己讨厌的人和事，并不是真的讨厌，等了解了他们之后，你反而有可能会喜欢上他们，这就给你的生活带来了更多的可能。假若在深入了解之后，你还是很讨厌他们，就能以此真正找出你讨厌他们的原因，因为这是在接触之后，进行冷静分析的结果，这对你以后的人生选择将会很有大帮助。

当你接触到越来越多的曾经你认为很讨厌的人和事之后，对你整个思想的改变将有很大的影响，这些事情在无形中影响着你"常规"的判断，让你逐渐不再受原本大脑中的一些限制，敢于接受和包容更多的人和事。

最后，去尝试你未曾尝试过的事情。

要想彻底拿掉大脑中的限制，去尝试自己未曾做过的事情，是非常有效的一种方式。在这个挑战的过程中，你会发现自己新的一面，或者是自己一直未曾察觉的一面，对于全面了解自己有很大的帮助。

因为，那一些自己未曾尝试过的事情，要么是自己不感兴趣，被固有的思维限定住，所以不去尝试的事情；要么是因为没有机会或者不敢去挑战的事情。而当你真正这么做的时候，不仅会推翻之前自己对很多事的看法，也让自己隐藏的欲望和想法迸发出来。

而当你全面了解了自己之后，对大脑中既定的一些思想也是一种冲击，这些新的思想会引领你去尝试未曾尝试过的事情。这就是一种突破，是拿掉大脑中限制的最直接表现形式。不管尝试的结果怎样，你都将获得从未有过的收获，这是尝试未曾做过的事情的最大好处，更是拿掉大脑中限制的好处。

生命本该非常精彩，我们的生活也绝不仅限于"三点一线""四点一线"之间，去尝试自己未曾做过的事情，勇于挑战自我，就能发现生命中别样的美好，也能带领你进入不同的世界，取得意想不到的成功。

而通过以上这三个方面的尝试，就是你彻底拿掉大脑中的限制，去迎接崭新明天的开始。

当你成功做完这些事情之后，你会发现，自己之前的想法是多么狭隘，不仅隔绝了很多世间美好的事物，更阻碍了你成为更优秀的自己。因此，为了更美好的明天，以及更加辉煌的成就，你需要彻底拿掉大脑中的限制，去拥抱无限可能！

2. 你不知道你不知道

每个人对一件事情的理解，都可以归为这四种状态：你知道你知道，你知道你不知道，你不知道你知道，你不知道你不知道。

这四种状态表明了人对事物不同的认知程度："你知道你知道"这个状态，说明你完全了解自己所做的事情，能够乐在其中；"你知道你不知道"这个状态，说明你知道自己不了解某件事情，这时，你就可以主动学习；"你不知道你知道"这个状态，说明你没有意识到自己了解正在做的事情，只是机械式地去做，也能变得熟能生巧，离你知道自己这个状态也不是很遥远；"你不知道你不知道"这个状态就比较麻烦，你完全不知道你所不知道的事情，也就无从学起。

你不知道有小提琴的存在，就不可能去学小提琴；你不知道可以通过特长招生，就不会想着通过培养自己的特长考大学；你不知道的一切事情，你都想不到要去做。

因此，我们所不知道的事情，阻碍了我们的视野，让我们看不到这个世界的另外一面，如同"井底之蛙"。这种状态不仅不利于我们取得更辉煌的成功，对日常的生活来说也极为不利。

我们处在一个信息快速传播的时代，如果不知道一些信息，就不能因此更加便利我们的生活。例如，2015年年底国家颁布了"一对夫妻可生二孩"政策，假若你一直想要两个孩子，但因为不知道这个政策的颁布，你就不会生第二个孩子，你的思想还停留在"一个夫妻只能生一个孩子"的观念中。

同样地，你不知道的一些做事技巧、社会发展动向、各种新产品的问世等，都会阻碍你更快地获得成功，也会切断你取得成功的更多路径。"你不知道你不知道"这个状态，对于我们的整个人生都不利，我们应尽量去克服。

洛克菲勒是世人皆知的石油大亨，他的故事广为之知。其实，他的一生就是在不断克服"不知道自己不知道"的状态。在美国南北战争期间，他将所有的钱用来购买农产品，再以高价运往战场售卖。这个举动，除了他没有第二个人想到要去做，他虽然从中赚取了不菲的利润，但是，他同时也为战场上的人们送去了救命的粮食。

在这件事情之后，洛克菲勒迅速积累了一笔财富，便开始投资石油业。在不到两年的时间，他吞并了20多家炼油厂，控制了纽约90%的炼油业、主要输油管以及宾夕法尼亚铁路的全部油车，成为美国历史上第一个托拉斯。但是，这并没有结束，洛克菲勒还成立了银行、保险公司、大学、医院（今北京协和医院）等。

他的每一次尝试都是一个创举，做的都是自己以前不知道的事情。因此，他才在那么多方面取得了那么多成就，只因他善于克服自己"你不知道你不知道"的状态。

从这个案例中，我们不是要学习洛克菲勒如何成为世界首富，而是要学习他如何克服自己"你不知道你不知道"的状态。从他所取得的成就可以看出，他一生都在尝试不同的事情，而且每一件事情与他之前所取得的成就并无太大关联，有些甚至是风马牛不相及。

但是，他却能及时了解到这些资讯，并迅速出手、取得不错的成就。由此可见，"不知道自己不知道"的状态，是可以克服的，只要你对这个世界有足够的敏感度。

首先，永远保持好奇心。

世界上最怕的就是"麻木"的心态，明明还非常年轻，却表现出一副老气横秋的感觉，对任何自己不熟悉的事情，都不感兴趣。这样的生活状态，怎么能让自己不断进步呢？

无论我们处于怎样的年龄层，都有很多我们未曾接触过的事物，这时，我们应该像孩子一样，对这些事物充满好奇心，并希望自己能够快速了解、掌握。长大是为了让我们能更好地认识世界，而不是无视这个世界的丰富多彩。

好奇心会让你发现更多你不知道的事情，当你对一些事物感到强烈的好奇心之后，就会主动去学习、了解，在这个过程中，你就能了解一些自己以前不知道的事情，达到"知道你不知道"的状态。这是从主动学习了解到掌握一件事情的过程，通过不断培养自己对各方面的好奇心，从而变成"知道你知道"的状态，就能更好地克服"你不知道你不知道"的状态。

因此，培养好奇心是从心理上渴望认知更多新鲜事物，对自己不熟悉的事物不产生排斥心理最好的方式，从而知道更多新鲜事物，帮助你改变"你不知道你不知道"的状态。

其次，敢于不断尝试。

敢于不断尝试新事物的人，才是最有力量的人。因为，在尝试的过程中，就是在学习，经常学习的人，一定要比不学习的人经验更加丰富。

其实，不论是哪方面的事情，只要自己没有尝试过，就应去尝试一下，不管结果是成功还是失败，都会带给你不一样的体验，让你了解更多你不知道的知识。这就是敢于不断尝试的最终目的，让自己"不知道"的东西越来越少，"知道"的东西越来越多。

洛克菲勒的一生就是在不断尝试新的事物，倒卖农产品与石油业毫无关系，后来做的事情与石油也没多大关联，但是，正是在完成上一个目标之后，才有机会去接触新的事物。如果不是倒卖农产品，他又哪来的原始财富积累去开采石油呢？因此，我们所做的每件事都是有必要的，这些事情累积起来就能让你做更伟大的事情。

"一屋不扫，何以扫天下"的道理每个人都知道，但是，真正去实践的人却很少。很多年轻人一心想着做大事，在家里连卫生都不愿打扫，还骄傲地说自己是要做大事的人，怎么能做这些小事呢？不要小看任何一件小事，它会成为你的生活状态，从而影响你做事的习惯。在小事上拖拉的人，在做大事时，也不会变得谨慎，因为做事的习惯已经烙印在你的思维和行为上。

总之，只要是自己没有尝试过的事情，不管是大事还是小事，都应去主动尝试，在做完之后，你就会获得新的体会。另外，在做任何一件事情时，哪怕是非常小的事情，都应努力做到完美，才能对你以后要做的事情产生促进作用。长此以往，小事积累得多了，你也能拥有做大事的本领了，这让你整个生活高度都提升了，自然也就知道更多你以前不知道的事情了，从而改变"你不知道你不知道"的状态。

最后，永远不为自己已经取得的成就而感到自满。

如果洛克菲勒对自己做的事情感到自满，就会陷入骄傲自大的状态中，也就不愿意去尝试新的事物，因为在他心里他已经很牛了，没有必要再去做其他的事情。如果真是这样，他的故事也不会流传至今，并激励着一代又一代人。

骄傲使人落后，这句话每个人都知道，那么，在你成功做过一些事情之后，就不要感到自满，而是让成果去帮助你做更大的事情。这样，你的眼界以及你整个人生状态，都在不断发生变化，你所知道的东西会越来越多，从而帮助你改变"你不知道你不知道"的状态。

每个人都经常会陷入到"你不知道你不知道"的状态，这种状态是非常可怕的，当你身边的一切都在悄然发生变化时，你依然无动于衷，永远按照一种模式生活，逐渐地，你就会被这个环境所淘汰。

因此，努力从这三个方面去着手，你就可以改变"你不知道你不知道"的状态，让你时刻了解自己身边正在悄然改变的事情。

3. 你看到的和你没有看到的

每个人都喜欢已知的、可看到的、可触摸的、具体的、真实的东西,这会让我们更有安全感,而与这些具有相反性质的东西,就会让我们产生恐惧、不安等。但是,这个世界上,总有一些事是你能够看到的,还有更多事是你没有看到的。

对于没有看到的事物,我们能忽视它的存在吗?不能!正如我们不可能看到风,但是,当暴风来了,我们还是要采取一定措施,以避免受其侵害。所以,对于我们没有看到的事物,我们依然不能够忽视。

很多时候,我们没有看到的事物同样具有积极正面的作用,能够帮助我们更好地做事、让生活变得更简单、美好等。对于这些事物,我们就要想方设法去抓住它、利用它,即使我们不曾看到过。

但是,人类会本能地逃避一些事情,即使这些事情本身不具有太大的攻击力,但由于没有看到过,就在心里想象着关于它的种种不好。那么,一旦这个事物被人们看到,所有人可能会极度恐惧。

在人类发现澳大利亚这个国家之前,一直坚信世界上只有白天鹅,而将黑天鹅比喻为根本不存在的事物，代表着重大稀有、不好的东西。然而，当第一只黑天鹅出现在人类面前时，人类长久以来的思想遭到颠覆，第一感觉就是感到恐惧。

这是我们没有看到的东西对我们造成的影响。其实，天鹅无论黑白都只是天鹅而已，并不具备攻击力，如果能够利用黑天鹅这一形象，也能为人类的生活带来不一样的情调。目前，关于黑天鹅的电影、衣服、饰物等层出不穷，让我们拥有更多选择，对社会的发展也具有推动作用。

由此可见，我们没有看到的事物，也许会给我们的生活造成不好的影响，如暴风；也许不会为我们的生活带来任何影响，而要看你如何利用，如黑天鹅。但是，不管是哪个方面的影响，我们事先知道会比不知道好，因为我们都不能忽视它们的存在。并且，如果事先知道，就可以采取措施不受暴风的侵袭，也就不会对黑天鹅产生不好的想象，当它出现在我们视野当中时，就可以利用这一形象创造出更多有价值的事物。

说到底，我们没有看到一些事物，是因为我们了解的事物有限，生活的状态以及大脑思维，被限制在既定的环境里。当在一种理想化的状态下，我们的思维和视野没有被限制住，就可以看到所有的事物，也就不会被未知的事物吓到。

虽然这种理想化的状态不可能实现，但是，我们却可以通过学习，让自己能够看到的事物越来越多，从而在一定程度上避免被没有看到的事物吓到，也能避免我们在不知不觉中遭受一些损失。

就像我们小时候选择上学一样，通过书本、老师的教导，我们可以学到很多知识，从而帮助我们更好、更快地了解这个世界。这样，在我们毕业之后，才能用学到的知识，带领我们融入这个社会中。

小孩子总是会犯错，就是因为他看到的东西非常有限，有太多的东西他们不了解，就不会在乎。通过十几年的学习，当小孩子成年以后，就不会再犯那些小时候经常犯的错误了，因为，他看到了事物的多面性，不会再以偏概全地去理解这个世界。

这就是学习的作用，让人类从"无知"到"有知"，看到更多以前没看过的事物，才能去主动适应这个世界，进而改变这个世界。而我们所学习的知识，是经过漫长岁月，先人一步步学习、积累后所得，人类通过学习看到的东西越多，能改变的事物就越多，这也是现代社会发展得比原始社会要快的主要原因。

但是，这种方式的学习，只是最初级的学习，需要通过一定的工具（如书籍）以及他人的引导（如老师）才能完成。当进入社会以后，我们如果还依靠这种方式进行学习的话，所能学到的东西就更有限了，你能看到的东西也会因此受限，根本不足以应对变幻莫测的社会发展。

这时，我们就要寻找各种途径进行学习，如在工作中、在与人交谈中、在看电视节目中等，只要用心，就会发现值得我们学习的人和事物有很多很多，从而帮助我们看到更多未知的世界。

齐白石是我国最著名的画家之一，他的作品非常生动，尤其是画虾的技术，看上去像是真的虾在游动。原来，齐白石特意到河边看虾游动，为了避免忘记虾游动的样子，仔细观察之后，会立即在河边的石头上画虾。

久而久之，齐白石就将虾游动的样子深深地刻在了脑中，也非常熟练地掌握了画虾的技巧，这才使得他画出来的虾栩栩如生。

齐白石通过看虾的游动，来学习画虾，没有人教、也没有监督他，是完全自发、主动且有选择性的学习。在亲眼看到了虾游动的样子，经过不断地尝试之后，从失败中汲取经验，最终获得了将虾画活的真谛。

每个人在踏入社会以后，都应有这种学习精神，才能不断进步，逐渐获得让自己变强大的武器。其实，无论我们处在什么样的环境下，遇到什么人、什么事，都能从中学到一定的知识，让自己看到更多的东西。

总结来说，我们要培养自己热爱学习的精神，从被动学习变成主动学习，在日常生活中，可以通过以下几个方面更快地学到新的、有用的知识，让自己"看到"更多的东西。

（1）与他人的接触中

在与他人的接触中，无论对方是什么样的人，都拥有你所没有的特质以及特长，俗话说，三人行必有我师，你只要善于发掘别人的优点和特长，就足够你学习了。

例如，你是一个不苟言笑的人，常常让身边的人感到压抑，那么当你遇到一个能随时与他人谈笑风生的人时，就可以向他学习如何与人相处，让自己变得幽默、风趣一些。为此，你可以多跟他接触，学习他的语言及动作、表情等，时间一长，虽然你不能从此脱胎换骨变成他那样的人，却可以使自己不再那么沉闷，在遇到冷场时，也能像他一样，说些能够缓解气氛的话，这就是向他人学习的作用。

当你在与他人的接触过程中，学会更多别人的特长，你所了解的事情就越多，从而所能"看到"的事情也越来越多。

（2）遇到困难时

当遇到困难时，是每个人最宝贵的学习时间。尼采说过，受苦的人，没有悲观的权利。在我们遇到困难时，只有不断学习、积累失败经验，才能让自己脱离困难时期。因此，在遇到困难时，我们能做的只有学习，而不是悲观。

越是处于艰难的困境，能学到的东西就越多，也会让我们看到很多以前看不到的事物。如果能够好好利用这个时机进行学习，你会看到之前看不到的事物，从而让你避开更大的风险，抓住最好的机会获得成功。

（3）接触新事物时

在接触新事物时，是我们大脑最兴奋的时候，利用对新事物的好奇，可以帮助我们更快地学到关于该事物的知识。

当学习成为一种习惯之后，会大幅增长你的知识面，你的眼界也会变得更加广阔，能看到的东西自然会变多，也就不会出现害怕未知事物的恐惧了。因为，当你拥有足够的知识之后,即使对于未知的事物,也会有一个大概的判断。"没吃过猪肉,还没看过猪跑吗?"说的就是这个道理。

其实,我们在生活中能学到的事物,绝不仅限于这几个方面,只是,在这几个方面可以让我们最快学习到新知识。当我们从这几个方面积累到足够多的知识量后,就不会出现"初生牛犊不怕虎"的鲁莽行为,也避免了因过度害怕而损失掉不错的机会。

因为,知识让你看到了这个世界更多的方面,不会再被未知的陌生感击败,从而帮助你改变自己的生活状态。

4. 你活在既定的剧本里吗

下雨天，一个路人看见一个小孩还在放羊，就好奇地问他："天都下雨了，你怎么还不回家？"

小孩子不假思索地说："下雨之后的草长得更加茂盛，羊吃了也能快点长大。"

路人又问："你这么辛苦地放羊，有什么梦想吗？"

小孩："放羊赚钱、娶老婆、生孩子。"

路人："然后呢？"

小孩："再教我的孩子放羊，让他能娶老婆、生孩子。"

路人："你是很喜欢放羊吗？不想做点不一样的事情吗？"

小孩："我爷爷就是这么教我爸的，我爸也这么教我，我以后也会这么教我的儿子。"

案例中的小孩，被安排在既定的剧本中，他不会去想他还能做什么，只是按照这个剧本去生活。他的整个人生都早已被"制定"好，他不但不去反抗，还觉得自己就应该这么活着。

苏格拉底说过，未经省察的人生没有价值。一个人都不去思考自己生存的意义是什么，甘愿活在别人给你安排好的剧本里，那么，你的人生还是你的人生吗？按照父母的意愿活，你的人生就只是父母的人生的简单延续而已。

每个生命都应该经过"千锤百炼"，才能绽放出不一样的风采。那么，每天为了各种各样目的奔波的我们，是否也活在既定的剧本里？

人的一生大概由这几个阶段组成：童年期（学习）、青年期（工作）、老年期（退休）。每个人在不同的阶段都被安排了不同的任务，我们必须要一一完成。但是，按照自己意愿去完成这些事情和按照他人的思想去完成这些事情的结果是完全不同的。

我们要主宰自己的人生走向，就要按照自己的思想去做事。目前，很多年轻人从小被父母宠爱，一切的日常生活开销都由父母来承担，导致他们在大学毕业之后也无法养活自己，成了"啃老族"。为了获得安逸的生活，他们将一切决定权都交给了父母，如被安排工作、相亲、生孩子，等等。这样被安排好的人生，你从中获得的不是安逸，而是麻木的心态。

一个连爱情都不知道是什么的人，如何能够经营一段婚姻？在既定的人生轨道里，倘若缺乏努力让自己过上更好生活的决心，就不会去拼搏。麻木的心态会让你对任何事情都没有兴趣，还会让你觉得其实活着和死亡没什么区别。这是一种"温水煮青蛙"式的慢性自杀。

如果我们按照自己的想法去做事，因为经验不足，很有可能会失败。但是，我们却可以从失败中吸取经验，这是真正属于我们的经验，也只有它们才能真正帮助我们，让我们的未来生活变得更加美好。

不曾经历过失败的人是脆弱的，也不能理解成功道路上的艰辛，更不懂得去珍惜身边的一切。那么，我们是否可以摆脱既定的剧本，主宰自己的人生呢？答案是肯定的，但你需要做好充分的心理准备，从各个方面锻炼自己。

首先，精神独立。

精神独立是摆脱既定剧本的根本，一个在精神上独立的人，才能用思想去决定其行为，进而让行为去改变既定的剧本。

俗话说，穷人家的孩子早当家，这是因为，他们精神独立，愿意用自己的努力去换取比现在要好一点儿的生活状态。如果穷人家的孩子不希望改变自己穷苦的命运，也就不会"早当家"。这种现象也是普遍存在的，毕竟，小孩子都会受到大人的影响，父母如何生活，他们就会认为自己也应该这么生活，这就与前面案例中那个放羊的小孩一样。

因此，精神独立是摆脱既定剧本的首要条件，所处的环境并不能完全影响一个人的精神独立与否。因为，无论处于怎样的环境，都会有比目前更好的环境，等着你去创造。

总之，精神独立表现在：拥有自主意识，明白自己想要什么，并愿意付出努力去得到自己想要的事物。

其次，努力实现财务独立。

实现财务独立才能实现一个人真正的独立，否则，你就需要永远依附于他人，听取他人的意见去生活。而要实现经济独立，就需要拼搏、努力。

在这方面，也会有些人跨不过去这个坎，即便精神很独立，可不愿意吃苦，也会逐渐消磨其意志，只愿躲在"避风的港湾"。

这样一来，你就只能被动地接受被安排好的既定剧本。其实，这是一个只要肯吃苦就能获得一定成就的时代，是最适合拼搏的时代。马云从一个普通教师变成中国首富，王健林也是从小本生意起家，做成中国房地产业龙头老大。这是他们努力拼搏的结果，在实现财务自由的同时，也能根据自己的想法去改变世界。

没有财务自由的人，生活在一个早已被安排好一切的剧本里，连自己的命运都无法改变，何以改变世界？

因此，实现财务自由，是让自己摆脱既定剧本的生活最有效的方式。

最后，敢于不断改变现状。

当一个人精神独立，又实现了财务自由，那么，他就算是一个相对自由的人了，可以在一定范围内，按照自己的意愿去生活。但是，如果不再去改变这个现状，你又会陷入到新的"剧本"里面去。

这就像是红皇后假说理论：你只有不停地向前奔跑，才能使你保持在原地。世界变化很快，停止向前的人，就是在退后。在这个过程中，假若不继续努力，就会被安逸的状态侵蚀，精神不再独立，财富逐渐减少，你就失去了个人自由，进而回归到另一个既定的剧本里。

因此，要摆脱既定的剧本生活，就要敢于不断改变现状，让自己和自己的生活变得越来越好，不断向前。

在做到了以上三个方面的事情之后，你就是一个独立的个体，而不会活在既定的剧本里。最近热播大剧《琅琊榜》里面有一句经典的台词："既然我活下来了，就不能白白地活着。"希望你也能从这几个方面做起，真正过你自己的人生，没有白白地替他人活着。

5. 我们得到的是自己想得到的世界

年龄越大，越觉得人与人之间的差距越大，无论是物质方面还是精神方面，有时差得还真不是一星半点。原本很熟悉的两个人，分别几年之后再次重逢，感觉像是陌生人一样，这是为什么呢？

因为我们都在改变，无论是主动还是被动的，而这一切改变都源自于我们内心的渴望，才让我们变成现在这个样子。

很多人总是说希望自己获得怎样怎样的成就，过上怎样怎样的生活，成为一个怎样怎样的人。但是到最后，你还是你，并没有成为你所希望的那个样子，根本原因是你对自己想要的一切并没有特别的渴望。

凡是真正希望自己取得了不起的成就的人，早就开始拼命努力了，而你还在那里悠闲地过着自己的小日子，在他们遇到失败时，还会笑话人家瞎折腾；凡是希望自己过上更有品质生活的人，也早就开始为了这种生活而忙碌着，而你还在享受着当下的安逸，不肯努力；凡是希望自己能够成为一个了不起的人，也早就开始严格自己要求的一言一行，而你又在做什么呢？

由此可以证明，每个人得到的是自己想得到的世界！也就是说，我们目前所处的生存环境、生活状态等，都是我们自己想要的。这同时也说明了，每个人的成功和失败都不是偶然的，而是他们真正想要的结果。

很多人羡慕李白的潇洒，因为他不为功名利禄所羁绊，敢于追求自己想要的生活。其实，李白的内心也曾经挣扎过，否则，他就不会去当官。但是，在他当官期间，他又做了什么呢？他根本不像其他做官的人那样，按"规矩"行事，而是依旧保持着一副我行我素的样子，这样的人是不适合官场的。虽然他才华横溢，但他却没有要求自己做一个好官，所以，他最终也没能在官场上取得成就。当然，这一切都是他自己想要的结果，否则，就不会在做官期间，让杨贵妃给其研墨，高力士为其脱靴。

既然我们得到的是自己想要的世界，也就证明了，我们完全可以通过努力，去改变当下的生活状态，成为自己真正想要成为的人。只是，任何改变都会带来伤痛，改变越大，所要承担的伤痛就越大，就像破茧成蝶的蚕蛹一样。

总之，生活在这样一个变幻莫测的时代，我们需要不断修正自己的目标以及努力的方向，才能让我们得到的世界是自己真正想要得到的世界。

首先，了解自己的迫切渴望。

如果你希望自己拥有很多财富，就不要整天宅在家里看各种泡沫剧消磨时光，而应该从现在开始，努力赚钱。同样地，不管你希望得到什么样的东西，都要首先询问自己是否真的希望得到，如果是，就毫不犹豫地去努力，否则，你什么都不配得到。

很多时候，我们只是看到别人在得到一些东西时，产生羡慕的心理，并不代表我们真的希望拥有这些东西或者成就。只有在了解自己的迫切渴望之后，才能下定决心并朝着这个方向努力。

想要了解自己的迫切渴望就要对自己的内心进行审视，也可以观察自己每天的所作所为。因为，如果你真的喜欢一件事，你总会抽空去做，不管你有多忙。

在发现自己的确有这个爱好之后,你就可以放心地去追梦了。

科比从6岁的时候,就知道自己喜欢篮球,从那时起,他就做着一切与篮球有关的事情。从把垃圾桶当作篮球筐,把纸团当作篮球开始,到每天凌晨4点去练习篮球,他始终坚信自己的最终目的就是篮球。所以,他最终成为了一代篮球巨星,他所得到的世界就是他自己想要得到的世界。

科比是幸运的,在那么小的时候,就明确了自己的梦想,而大多数人,在成年以后还不知道自己究竟喜欢什么,为此浪费掉了大量时光。

如果你了解自己内心迫切的渴望,就会去做跟这有关的任何事,来得到你想要的一切。那么,你最终得到也就会是你自己真正想要得到的世界,就像科比一样。

其次,一直坚守梦想的方向。

一直坚守梦想的方向,是最终得到自己想要的世界的唯一方式,否则,你就只能安于现状,永远只能仰望自己的梦想。

很多人在追求自己内心渴望的过程中,受到了外界的诱惑,又转而追求其他事物,这只会让他什么都得不到,最终回到那个碌碌无为的世界里。因为,我们得到的都是我们想要的世界,而我们想要的世界却需要我们不断努力地去追求,三心二意不仅会拉开离梦想的距离,也会因此浪费掉更多的时间,在这种状态下,你拿什么实现梦想呢?

为此,一直坚守自己梦想的方向非常重要,当你全力以赴地追求梦想时,你所过的生活就是你以后必须要经历的过程。因为,在追求梦想的过程中,你需要做出与平时不同的事情,才会实现你的梦想,而这些事情,就是实现梦想必备的条件。并且,在实现梦想以后,你也会过上与目前努力时相同的生活状态。

所以说,我们得到的就是我们自己想要的世界,在追求梦想的路上,你就已经拥有与你想要的世界一样的心态了。就拿穷人思维与富人思维来说,在你努力成为富人的过程中,你必定已经拥有了富人的思维,最终才会让你真正成为富人。

最后，不达目的誓不罢休。

有时，虽然我们一直坚守自己梦想的方向，但是，在这个过程中，也会遇到很多困难需要我们一一克服，才能最终得到我们想要的世界。这就需要我们还要拥有不达目的誓不罢休的决心。

只要抱着这个决心，你就一定能够得到你想要的世界，因为，在这个过程中，你已经成为了离梦想最近的那个人。

综上所述，我们得到的是我们自己想要的世界，不论它是美好的还是糟糕的，都是我们昨天努力的结果。而要让自己在未来拥有更好的世界，就需要在现在更加努力，让我们在明天收获今天的果实，而不是品尝今天好吃懒做的恶果。

6. 我们就是自己的幸运之神

在英文中有一句非常著名的句子：God helps those who help themselves. 翻译成中文是：自助者天助。也就是说，我们就是自己的幸运之神。

有一个年轻的妈妈，独自带着一个4岁的小孩在家，夏天的午后总是让人犯困，于是，这个年轻的妈妈便和孩子一起睡午觉。谁知，等这个妈妈醒来之后，却发现孩子不见了，看着大门没有被撬动的痕迹，应该是孩子自己偷偷跑出去玩了。但是，也不知道他去哪了，什么时候出去的，在找了几分钟没找到孩子之后，年轻的妈妈便心急如焚地打电话报警。

但是，警察却说让她回家找几个亲人，一起去各个车站看看，如果真是被人贩子带走的，或许能及时进行解救。因为，警察根本不知道失踪的小孩长什么样子，自己的亲人去寻找会更有效。

然而，这个年轻的妈妈在找来几个亲人之后，他们不但没有去车站寻找孩子，反而跑到警察局，对着警察一顿臭骂，说他们不负责任之类的。然而，就在他们在警察局闹事的时候，错过了拯救孩子最佳的时机，最后也没能找回孩子。

案例中的主人翁的亲人，将一切责任都推到警察身上，认为警察帮助老百姓解决问题是再正常不过的事情。但是，他们却忽略了一个现实问题，警察不是神，他们也有很多做不到的事情。对于自己的孩子，自己肯定要比警察了解得更多，有时哪怕只看到一个背影，也能知道那就是自己的孩子，警察却不能，因为他们之前根本没见过你的孩子。

明明可以依靠自己的力量，却非要依靠别人的帮助，这是非常愚蠢的行为。但是，在生活中也不乏有很多这样的例子，我们总是寄希望于他人，希望得到别人的帮助，更希望可以得到幸运之神的眷顾。

要知道，与自己关系再好的人，也不可能每时每刻都在我们身边，即使在，他们也未必拥有拯救我们的能力。我们才是自己的幸运之神，不懂得自助的人，别人也帮不了你。每个人的一生都不是一帆风顺的，总会遇到这样那样的难题，这时，能够拯救我们的，只有自己。

尤其是在自己努力了很久，却一直没有得到收获时，你能期待身边的人给你帮助吗？你只能依靠自己，再努力一点，也许下一次就会成功。因此，无论遇到什么样的困难和窘境，我们自己就是自己的幸运之神，依靠自己的努力才能获得重生。

有一个虔诚的基督教徒，一直坚信上帝的存在，他严格要求自己，信奉基督教的一切，一直深受人们的尊敬。每天，他都会在教堂教化一些人，那些得到指点的人，更加信奉这名基督徒，他也常常因此感到非常自豪，认为这一切都是上帝在帮助他。

有一天，该教堂突然发起了洪水，淹没了一切，所有人都撤离了，这名虔诚的基督教徒抱着屋顶上的旗帜，才勉强没有被洪水冲走。人们走的时候都劝他早点离开，但是，这个虔诚的基督教徒却不愿走，他说他相信上帝不会抛弃他的。

不一会儿，有一艘小船靠近他，要带他离开，但是，这名基督教徒还是不愿离开，还说上帝会来拯救他。于是，这艘小船便离开了，留下了基督教徒一个人。又过了一会儿，洪水已经淹没到他膝盖了，这时，一艘救生艇向他驶来，他还是不愿意走，一直坚信上帝会来救他。

又过了一会儿，洪水已经淹没到他腰部了，这时，一架直升飞机向他开来，并抛下一根绳子给他，还说这是最后一次营救机会了。但是，这名教徒依然不为所动，主动放弃营救，坚信着上帝会来救他。

然而，等飞机飞走之后，洪水彻底摧垮了一切，这名教徒也被洪水淹没了。当这名教徒来到天堂时，便开始质问上帝，说自己那么相信你，你为什么没有救我。上帝说，我派人去营救了你3次，你都不愿意，我还以为你想急切地来到我身边呢。

案例中那个虔诚的基督教徒，宁愿相信虚无缥缈的上帝，都不愿自救。并且，别人三番五次地向他伸出援救之手，他都无动于衷，这种行为已经愚蠢到了极点。而最后上帝的那段话，也充分说明了：自助者天助。

其实，我们不必等着别人的救赎，也不应期盼虚无缥缈的幸运之神，只要你足够努力，我们就是自己的幸运之神。

因为，努力会让自己变得更加优秀，从而能够应对更困难的事情，越努力越幸运。那么，为了让自己成为自己的幸运之神，我们需要做出一些改变。

一方面，拥有主人翁意识。

还记得曾经看过的一个段子：新婚之夜，新娘听到老鼠偷吃大米的声音，便告诉新郎，说有老鼠偷吃你家的米。又过了几天，这个新娘再次听到老鼠偷吃大米的声音，便起床将老鼠吓唬走了。

这就是拥有主人翁意识的重要性，只有如此，才会主动去做一些事情，而不是被动地等待救援。

拥有主人翁意识，就是让自己以"主人"的姿态对待身边人和事，这样，在发生意外时，你就会第一时间去想解决的方法。而当你每次都这么做的时候，你就会通过自己的努力让生活变得更加顺畅，让别人以为是幸运之神总喜欢眷顾你，其实，你才是自己的幸运之神。

另一方面，肯吃苦。

只拥有主人翁意识，而不肯吃苦的人，只会指挥别人去做事，久而久之，则会让人产生厌烦心理。对于这样自私的人，幸运之神自然不会眷顾他/她，他/她也无法成为自己的幸运之神。

肯吃苦表现在多方面，对自己应做的事情，肯拿出全部热情和努力去做，并将它做到最好。而对于身边的人，如果能够提供帮助，也应及时伸出援助之手，救他人于水火之中，也是在为自己造福。

肯吃苦是一种美德，不仅可以改变自己的生活，也能带给身边的人更多幸运，而人与人之间的帮助是相互的，当你为别人付出了许多时，当你遇到自己不能战胜的困难时，那些曾被你帮助过的人，就是你的"幸运之神"。

由此看来，幸运之神也是存在的，只是他们是真实的存在，并且是通过你的努力赢取过来的，而不是"天上掉馅饼"。

如果你具备这两个方面的条件，你就是自己的幸运之神，无论遇到什么困难，都会让自己安全度过。否则，总是期待他人主动帮助的人，是没有机会遇见"幸运之神"的。

7. 不需要想太多，只需去努力尝试

有一位饱读诗书的哲学家，聪明绝顶，很多女人都非常迷恋他，希望能够成为他的妻子。然而，这位哲学家却有一个缺点，就是做事情总是犹豫不决，导致他已经三十几岁的人了，还没有成家。

有一天，有一位非常貌美的女子来敲哲学家的门，表明想要做哲学家的妻子，还声称如果错过她，他再也找不到比她更适合他的人了。虽然这个哲学家看着年轻的女子很是喜欢，但是，犹豫不决的性格，让他婉拒了这个女子的请求，说自己需要再考虑一下。

于是，这位哲学家开始陷入了无尽的思考当中，他将与这位女子结婚之后的所有细节都罗列了下来，再分析如果自己不结婚的影响。但是，在经过长时间的分析之后，哲学家发现结婚与不结婚好像差别不大，让他一时间没了主意，不知该作何打算。

最后，他终于得出了一个结论，如果在没法做出决定的时候，选择自己没有经历过的事情，比一直不做出改变要好。在想通了之后，哲学家感到异常兴奋，便主动去寻找那个美丽的女子。

谁知，给他开门的却是一个中年妇女，旁边还站了一个孩子，那个女子看到哲学家之后，说："你来晚了10年，我已经成为别人的妻子，也生下了我的孩子。"哲学家为此懊恼不已，想不到自己如此聪明，却没有得到美好的结局。

通过这件事情以后，这个哲学家终于想通了一件事：做事前不要犹豫，认定的事就要马上去做，在做完之后就不要后悔。因为，没有尝试过的后悔要比做错事的后悔强烈百倍，并且，一辈子都无法再弥补。

由这个案例可以看出，想太多只会阻碍自己前进的步伐，大胆去尝试才能知道结果如何。并且，即使结果没有想象中那么美好，也可以通过适当的调整，让结果趋向完善。

"想太多"是成功路上最大的绊脚石，越是好的机会，出现的时间越短，根本容不得你去想太多，否则，你就只能眼看着机会从你身边溜走。就像案例中的哲学家那样，自己在一个问题上想了那么多年，结果还是要去尝试，而不是真正得到非常肯定的答案。另外，他自己浪费掉的时间，别人不可能陪着他一起"静止"，于是就出现了"错过这村，就没这店"的遗憾。

不管我们做什么事情，都会出现一些意想不到的状况，在面对这些状况时，想得太多就会让我们陷入无尽的苦恼中，也无法真正解决掉遇到的问题。

当你遇到一个机遇，你无法断定它是否值得去追求时，那就不要想太多，尽管去努力尝试就行了。如果这个机遇，让你获得了成功，你就是幸运的。如果很不幸，这个机遇让你失败了，那又有什么关系呢？你一样可以从中学到很多东西，下一次再遇到类似的机遇时，你自然就能很快地区分出，这个机遇是否能够给你带来好处。并且，在努力的过程中，你正在逐渐成为一个最优秀的人。

这也是由上述案例得到的启示，即做事不犹豫、事后不后悔。这不仅因为在做事的时候，我们会发现不一样的自己，更是这个世界的一种规则：没有人知道一件没有做过的事情到底是好还是坏，只能通过实践才知道结果。

在互联网出现之前，谁又能想到一台机器，就可以使我们的生活变得如此便利；在支付宝出来之前，谁又能想到我们还可以不通过银行实现购物。很多事情，我们不会提前知道结果，即使发明这些事情的人，他们应该也不曾想过会出现今天这样的局面。

但是，他们依然去做了，他们的共同点就是，既然都不知道结果怎样，那么，为什么不做出来看看呢？失败了可以重新开始，但若不去尝试，就永远不知道什么是对的。

因此，这个世界上，根本不存在未卜先知的人，他们都是通过亲身试验，做出一些成就，或者得到一些失败的经验，让下一次尝试能够离成功更近一步而已。

总结来说，即努力尝试比犹豫不决，能够带给我们更多。为此，我们时刻要告诫自己，不要想太多，因为在一件事上浪费掉太多的时间，不仅不利于这件事的发展，也无法去做更多其他的事了。

为此，我们需要牢记两点：从最小的事情做起，决定了就立即行动。

有个非常聪明的年轻人，长得相貌堂堂又是一位高才生，由于不甘心每个月拿着那么一点点薪水，便决心下海经商。在股市呈现大好前景时，有人劝他去炒股，他却因为炒股有风险而不敢尝试，当第一批炒股的人成为百万富翁之后，他又开始追悔莫及。

后来，又有人劝他去夜校讲课，他却嫌工资太低而不愿做。就这样，他一直觉得自己应该做更大的事业，又不肯冒险、又觉得稳定的工作赚的钱少，时间一天天过去，他还是碌碌无为，身边的人都知道他根本不会去做什么事情，也就没有人再去劝他了。

不愿意做小事的人，最终也做不了什么大事，最终只能在犹豫不决中度过平庸的一生。

一旦决定去做某事，就不要想太多，因为想太多不仅浪费时间，关键是你也未必能想出什么。每件事情的结果都是不可预测的，同样的事情，不同的人去做，导致的结果也不尽相同。为此，敢于尝试比一直在思考一些也许根本不会发生的事情要靠谱得多。

并且，真正的好机遇会给你思考的时间吗？你不迅速出手，别人就要捷足先登了，俗话说，先下手为强。

在互联网刚刚兴起之时，BAT抓住了这次机遇，成为了当今互联网界的三大巨头。虽然，现在涉足互联网的人越来越多，但是，谁又能与它们相抗衡呢？

在你犹豫不决的阶段，别人已经开始出手，自然能够分得更多的"馅饼"，那些晚出手的人，只能分得一些剩下的"渣"，还在"想太多"的人，则只能远远看着他人获得成功后的喜悦。

你还在因为担心这个、担心那个而不敢去尝试新事物吗？要想取得更大的成功，只能先去做别人没有做过的新鲜事物，让自己成为"领头羊"，才能获得更加广阔的"草原"。总之一句话：不需要想太多，只需去努力尝试。

8. 活成自己希望的样子

2013年9月13日，娱乐明星王菲发布微博，声称自己已离婚。这一爆炸性的消息可谓空前绝后，震惊了娱乐圈，因为，这已经是王菲的第二段婚姻，没想到也以离婚收场。这个四十几岁的女人，在事业上一直处于巅峰，然而在婚姻上，却失败得一塌糊涂。

大多数人对王菲的评价，都认为她的婚姻实在是太失败了。但是，王菲自己是怎么想的呢？毕竟这些猜测只是旁人的评论，她本人未必不幸福。

这不，日前又传出王菲和谢霆锋复合了，这两个历经波折的人，终于又要走到了一起，你能说王菲不幸福吗？毕竟，在现实生活中，谁又能像她那样，经历两段婚姻后，还有勇气与自己最爱的人在一起？对于王菲的评价，向来都是褒贬不一，其实每个人都一样，没有十全十美的人，只有认真生活的人。

在这一点上，王菲绝对是楷模，在这个离婚女人就要被"嫌弃"的时代，她开创了先河，不在乎别人怎么说，只选择自己喜欢的生活。

如果每个人都可以这么活，活成自己希望的样子，那该多美好。我们绝大多数人，都是害怕别人的评论，一步步走向自己不喜欢的生活。例如，一个超过25

岁的女生，就会被逼着各种相亲，一旦结婚，又被逼迫着生孩子，好像这才对得起身边的人似的。

只是，我们真的应该这么活吗？很多女人在被逼迫着走进婚姻之后，无不从一个温文尔雅的女生，变成一个需要与许多人"斗争"的悍妇。她们的生活是幸福的吗？这是她们想要的生活吗？

但是，她们不敢提出离婚，只因舆论的力量太可怕，她们迫不得已，只能在这种日子下消耗着自己的青春，消磨着自己对这个世界的热情。都说中国人婆媳之间的关系难以相处，其实，从根本来看，是很多刚嫁人的媳妇，不懂得结婚之后的"道理"，也不会为自己争取更多，为了维持婚姻，只能忍受婆婆的百般刁难。等她们终于也成为了婆婆之后，又会以相同的"手段"对待自己的儿媳，这场"战争"就被这么"传承"了下来。

如果每个女人都不害怕别人的指指点点，而是像王菲一样，勇敢地追求自己的生活，那么，在她们心中，就不会有积压着的"憎恨"，也就不会为难自己将来的儿媳，这场矛盾也就消失了。

其实，生活中有很多事情，都是被这样奇怪地"传承"下来的，只是因为每个人都害怕，害怕他人的言语，不敢追求自己想要的生活，心里的怨恨便开始膨胀，当遇到没有反抗力的人时，便毫不留情地"发泄"在他/她身上，就像当初别人对他/她一样。

这所有的一切，都是因为，我们不敢活出自己想要的样子，而被他人"控制"着。

目前，中国已有2亿单身男女，他们不但不愿踏入婚姻生活，甚至不愿意去交男女朋友。主要原因就是，他们希望自己的生活可以由自己主宰。

这一现象说明了，越来越多的人，开始在很多方面有了自主权，步入30岁的行列又怎样？还是可以过自己喜欢的生活，去追求自己的梦想，活成自己希望的样子。

这个世界的声音有很多种，无论你做什么，都会有人说：这样不对。其实，看看那些只会说别人的人，他们又做出了怎样的成就呢？还不是一样碌碌无为，所过的生活状态，也不见得就是自己喜欢的样子，否则他们怎么会那么愤世嫉俗呢？

因此，你只需听从自己内心的声音即可，太在意别人的目光，只会扰乱自己的脚步，让自己离目标越来越远。当然，活出自己希望的样子，不是让你"标新立异"，为了不同而不同，而是倾听自己内心真正的声音，去努力过自己想要的生活。

当前，社会压力越来越大，每个人都在努力地生活着，只是，你的努力是为了得到别人的赞美，还是为了活成自己希望的样子？

由我国出现越来越多的单身男女看，目前的社会风气已经逐渐开放，可以包容更多的事情，每个人都可以按照自己的意愿，活成自己希望的样子。为此，你也就不需要担心年纪太大嫁不出去，明明婚姻不幸福还要死扛，为自己创业还是维持稳定的工作而矛盾。

其实，很多顾虑都是自己为自己找的借口，与别人一点关系都没有，只会阻碍自己远离自己想要的生活。我们每天所做的事情，会引领我们走向不同的生活状态：假若你每天都在为梦想奋斗，生活也一定不会辜负你，即使无法实现梦想，在这个过程中，你必定能够收获很多；假若你每天都无所事事，你的人生将会变得碌碌无为。

你对待生活是什么态度，生活就会还你什么样的状态。这预示着，我们每个人都可以通过努力，活成自己希望的样子。那么，还有什么理由不去努力呢？

喜欢唱歌的人，就去唱吧，别担心唱歌没前途，因为唱歌而变成富翁的人比比皆是；喜欢旅游的人，就抓紧时间去旅游吧，否则，等你有钱了、有时间了，身体却不允许了；喜欢一个人就去表白吧，等到她成为别人的新娘之后，才真是晚了……

这个世界的所有规则，都是由人制定的，任何人都没有剥夺你生活自由的权利，喜欢什么就去做，趁着阳光正好，趁着你还年轻，还有勇气去梦想。

其实，目前大多数的年轻人，他们也许不怕吃苦、不怕别人的流言蜚语，最害怕的是让父母失望。如果他们喜欢一个人，父母不同意他们在一起，他们大多会选择放手。

不得不说，上一辈的父母，为了让我们健康地成长，的确付出了很多。但是，这也不代表他们可以掠夺我们选择终身伴侣的自由。俗话说，幸福是如人饮水，冷暖自知。我们的父母怎么可能知道我们想要什么样的生活呢？

作为一个父母，如果真的疼爱自己的孩子，就应该让自己变得更加强大，让孩子去尝试他们未曾尝试的事情。如果成功了，孩子们得到了自己想要的生活，是最美好的结局，如果失败了，父母可以做孩子们疗伤的港湾，比什么都好。

其实，做父母的也可以活出自己希望的样子，孩子的事情，就让他们自己决定，你只需给出建议，而不是命令。如果每个父母都能这样做，对双方来说，都是莫大的幸福。

总之，不管你身处怎样的环境，扮演着什么样的角色，活出自己希望的样子，是你自己的选择，谁也无权掠夺。并且，在这个依靠努力，就可以得到一切的社会，你必须努力活成自己希望的样子，才不枉这大好时光。

9. 永远告别"不可能"的人生

在面对一件全新的、又异常有挑战性的事物时,你是习惯说"我试试"还是"不可能"?这两种答案揭示了两种不同的人生,每个人都应该具备"我试试"的勇气,告别"不可能"的人生。

约翰·库缇斯是一个一出生就与别人"不一样"的人,他整个身体只有一罐可口可乐瓶子那么大,并且,他的腿是畸形的。医生断言,他活不过24小时。

他的父亲非常伤心,但还是去给他准备了衣服、墓地等,希望他能"走"得安详、体面一些。但是,当他父亲为他准备好一切时,发现他还活着,但是,医生又再次告诉他父亲,这孩子活不过一周。

但是,在度过了几个月的时间之后,小约翰还活着,一直长到能够上学的年纪。由于自己的"不同",小约翰在学校总是被欺负,加上身体的疼痛,他几次想到要自杀。可是,一想到父母为自己的付出,小约翰便暗暗发誓一定要努力回报他的父母。

在约翰17岁时,做了腿部切除手术,从此,他就只拥有上半身。在找工作时,他也是到处碰壁,只能在杂货铺做一些苦力,但是,他却没有放弃,为了赶时间，他利用滑板车上下班。

1994年，约翰成为澳大利亚残疾人网球赛冠军，从此，他所取得的成绩一直没有中断过，在举重、板球、足球、橄榄球等方面，都取得了令人骄傲的成绩，狠狠地回击了那些曾经取笑他的人。

但是，约翰并没有因此止步，他仍在不断努力着，努力尝试很多以前没做过的事情。为了将自己敢于拼搏的故事传达给每个人，激励每个人勇敢地活着，约翰选择了演讲。他的每次演讲都有新的内容，带给人新的启发，而不是让别人观看他"与众不同"的身体。

直到现在，约翰去过190多个国家，做了800多场演讲，用实际行动激励着200多万人。然而，在这个过程中，他身体的病痛从未远离过他，但是，他从未想过放弃，并勇敢地尝试更多事物，在他的人生中，真的不存在"不可能"三个字。

与正常人相比约翰的人生本身就是一个"不可能"的人生，不可能取得成功、不可能活得体面、不可能比正常人活得好……但是，他用顽强的意志和敢于拼搏的精神，将他"不可能"的人生彻底地变成了"可能"。

在了解了他的励志故事以后，你还会说"我不可能成功做某事"吗？不去尝试，每个人都不知道自己的潜力到底有多大，不去尝试，你的人生才真的是"不可能"的人生。

在人类第一次登上月球之前，谁又能想到人类可以安全抵达另外一个星球？想想看，别说另外一个星球了，在飞机还没被发明之前，到达另外一个国家，都不是一个普通人能够做到的事情。然而，这些事情在今天看来，都是非常简单的，任何人都可以随时去往自己想要去的国家。

这也证明了，根本不存在"不可能"的人生，如果你还坚持自己不可能做某事，就是在自己给自己"设框"，让自己的人生变成一个"不可能"的人生。

这种现象是非常可怕的，自我设置的障碍，比生活给你的障碍更可怕、更无法跨越。因为，心有多大，你的世界就有多大，对于这句话，每个人都不陌生，那么，又是什么让你觉得"不可能"呢？

相信很多人都会想到"现实"这个词：我不可能为了追求梦想而不管家里人；不可能去做一些我根本负担不起的事情；不可能不顾现实而做一些非常吃力的事情……

这些大概是大部分人为自己找的借口吧，目的是想让自己在"不可能"的人生中，过得更加心安理得。因为，这些借口看上去的确不可违背，但其实根本经不起推敲。且不说有多少人都是在自己没有足够条件下选择的奋斗，就像最近很流行的一句话：如果有个好工作，谁会选择创业啊？没有足够的条件恰恰是让自己努力的主要原因！

另外，当你选择奋斗时，你的家人会成为你的阻碍吗？大多数人的父母都是身体健康、能够自给自足的吧？即使不能，也只代表你需要在奋斗的同时，再兼顾一下自己的家庭，就是让你再累一点而已。你因为这个而放弃努力，不是怕自己的家人受苦，而是怕你自己受苦。

奋斗是一个人的事情，你非要将你的家人拉扯进来，让他们陪着你一起吃苦，这必然是错误的思想。只是，如果你真的想努力，那么，什么都不会成为你的阻碍，再大的困难，也都有解决的方法。

那么，从现在开始，告别"不可能"的人生吧！

首先，你需要拥有足够大的勇气。

对于一件从未做过的事情，并且在不知道结局的情况下，一个人要去做，就需要有足够大的勇气去尝试，这样即使在失败的时候也不会有崩溃的感觉。

其实，拥有足够大的勇气是可以锻炼的，是从你做每件事上一步步积累起来的，尤其是在面对失败时，你每战胜一次失败，你就多了一份勇气和力量。因此，让自己多多去尝试做没有做过的事情，你就会逐渐拥有足够大的勇气。

敢于尝试与对失败保持平常心，是告别"不可能"人生必备的良好心态，如果你拥有这两个心理素质,你就是一个有勇气的人。

但是,勇气不等于意气用事,不等于莽撞,它是在深思熟虑之后的尝试,虽然不知道结果,却依然能够在尝试的过程中,让自己进步,这才是真正的有勇气。否则,敢于去抢银行,这只能是莽夫的行为。

其次,你必须有不怕吃苦的精神。

不怕吃苦才能去尝试更加艰苦的事情,才能在最困难的时候不放弃,这是告别"不可能"的人生必备的精神条件。

要想成功做好一件事,是需要付出、需要吃苦的,越是大事,所要吃的苦就越多。如果你不肯吃苦,如何去完成一件件大事呢?你的人生又如何才能被改变呢?再多的小事加起来也都只是小事而已,无法改变你生活的状况。更何况,不怕吃苦的人,在做小事时也未必能够做得多么出色。

在很多情况下,我们不敢轻易去尝试的事情,大都需要付出很多的艰辛,挑战的是我们吃苦的能力。如果能够战胜这一缺点,真的就没什么事情是不可能完成的了,从而告别"不可能"人生。

最后,你还要时刻保持饱满的热情。

保持热情是让自己去尝试新鲜事物的基础,一个整天精神处于萎靡状态的人,你怎能让他去尝试更具挑战性的事情?估计他连最平常的小事都懒得做。

每个人都有懒惰的习惯,那些勤于奋斗的人,不是他们喜欢奋斗,而是他们拥有饱满的热情,所以克服了这个习惯,让自己每天都在自发奋斗。久而久之,他们的人生就被改变,饱满的热情让他们告别了"不可能"的人生。

因此,时刻保持饱满的热情,是敢于拼搏的动力,是让你能够在冬天的早上,早早起床的原因。毕竟,没有人是喜欢"自虐"的,有人可以在凌晨4点起床,有人却在早上8点钟还不想起床,最终,他们的人生也必定是千差万别的。

如果你具备这三个方面的条件,你就永远告别了"不可能"的人生,对于你来说，根本不存在不可能的事情。正所谓，世上无难事，只怕有心人。一旦下定决心去做某事，全世界都会给你让路，还有什么是不可能的呢?

综上所述，每个人都有能力告别"不可能"的人生，关键看你想不想，以及这个想法有多强烈。而为了赢得更多的可能，每个人都不能逃避，都应该积极努力地去告别"不可能"的人生。

第4章
扩大你的格局,投资你的未来

一个人的格局有多大,你的世界就有多大,你的未来就有多宽广。因此,每个人都应努力扩大自己的格局,为你的未来投资,才不会被现实所牵绊,进而取得长久性的成功。因为,格局是决定你敢做多大"梦"的条件。

1. 格局决定布局，布局决定结局

在烈日炎炎的中午，一名记者去采访三名在烈日下辛勤工作的建筑工人，记者分别问了他们同一个问题，即你们在干什么。但是，得到的却是三个完全不同的答案。

第一个工人没好气地说："你看不见我是在砌墙吗？"第二个工人抬起头看看记者笑了笑说："我们在盖一幢大楼。"第三个工人一脸的轻松与自信，说道："我们正在建设一座新城市。"

又过了10年，这名记者再次找到10年前被采访的三位工人，发现他们的人生际遇大不相同：第一个工人仍旧在工地上，顶着大太阳在砌墙；第二个工人正坐在开着空调的办公室里画建筑图纸，俨然成为了一名工程师；第三个工人则成为了他们两人的老板。

这个案例中的三位工人，有着相同的起点，结局却完全不同。这是为什么呢？因为他们的人生格局不同，我们知道，一个人的格局决定布局，布局决定结局。

格局是什么？格局是一个人的眼光、胆识、胸襟、积极的心理素质的总和，而这一切又成就了一个人的内在布局。"海纳百川，有容乃大"就是这个道理，一个人的内在布局越宽广，能够包容的事物就越多，也就越容易取得成功。

每个人的发展都有一定的局限性，如果被局限住，不管是什么原因，都会让自己困在那个格局当中，无法再取得进步。如果你的人生格局够大，就没有什么能够局限住你了，你所能选择的成功途径，就会有很多种，这对于成功无疑是莫大的帮助。

俗话说，三百六十行，行行出状元。一个没有被局限住的人，就有三百六十个机会。并且，在这个发展日益迅速的时代，机会岂仅局限于三百六十个，三千万个都不止。一个格局大的人，在这三千多万个机会中，是不是要比只拥有一两个机会的人，更容易成功呢？

为此，你是否应该努力扩大自己的格局，从而规划好布局，最后赢得美好的结局呢？其实，并不一定非要获得多么伟大的成就，才需要扩大自己的格局，正如于丹所说："成长问题关键在于自己给自己建立生命格局。"

每个人在成长的过程中，都需要建立和扩大自己的人生格局，你建立怎样的人生格局，你的人生就会发展成什么样；你的生命格局有多大，你的生命就有宽广，生活就有多精彩。

一颗果树的种子最终能长多高，不是因为种子的优劣，也不是因为气候、阳光等外在条件，真正决定这颗种子能长多高的是，它在什么样的环境下生长：将种子放在一个花盆里种植，它就是一株盆栽，最高不过半米；将种子种在更大的缸里面，它能长1米多高；而要将种子放在后院的空地上，它至少能够长到三四米那么高。

一颗果树的种子能长多高，也要看给它的"人生"格局有多大，否则，再优质的种子，被种植在花盆里，也不可能长成一棵参天大树。这就是人生格局大小的重要性，谁都不希望自己的生活有太多的局限，限制自己的发展，那么，就培养和扩大自己的人生格局吧！

除此之外，扩大人生格局的好处还有，能够让你摆脱"小肚鸡肠"的心态，做一个豁达的人。

一个女人买了一件漂亮的衣服，花了200元，当她看到她的好朋友也有同样的衣服时，便询问购买的价格，在得到150元这个答案后，这个女人就开始生气，嫉妒她的朋友比她少花了50元。那么，这个女人的格局也就只值50元。

我们之所以会产生嫉妒、愤恨等不良情绪和心态，就是因为自己的格局太狭窄，看不到人生的大方向，只盯着鸡毛蒜皮的小事。当你的人生格局变得更大时，眼里只有一个1000万元的项目，你还会在乎50块钱的事情吗？

可能每个人都会羡慕马云，而不会嫉妒他拥有的财富，但却会嫉妒隔壁家又买了一辆新车。这也从另一个侧面告诉我们，要想不被他人嫉妒，就要努力拉开自己与他人的距离，人生格局的差距越大，得到的更多的是他人的羡慕和崇拜的眼光，而不是嫉妒的心理，就越能享受成功的喜悦。

因此，当你再感到嫉妒他人或者被他人嫉妒时，就是你应该扩大自己的人生格局的时候了。格局被扩大，你就会对自己的生活进行重新布局，从而得到不错的结局。

最后，一个人拥有多大的人生格局，就能顶得住多大的压力。当你将目光放在每天的收入上时，你会因为得到100块钱而兴高采烈，失去100块钱就觉得非常难过。但是，一旦你将目光定位在一年赚100万元，能够扰乱你内心安宁的金钱，至少也要上万了。暂时地失去一些"小钱"，只是为了得到更多的钱。

因此，你的目标越远大，你能承受的压力就越大。同样地，你将你的梦想制定得多大，你就能承受得住多大的生活打击。

最后，举一个简单的例子，如果你拥有100块钱你会做什么？大多数都会买一些自己喜欢的小东西，或者吃一顿好吃的。那么，当你拥有1000块钱呢？有些人就会买一件喜欢的衣服，或者计划着旅游。再当你拥有100万元呢？相信在面对这么多的钱时，但凡有点志气的人，都会想着做出一些成就，而不是坐吃山空。

但是，我们是否可以转换一下观点呢？即当你只拥有100块钱时，却像你拥有100万元那样去思考、去奋斗？这也是一种人生格局，当它足够大时，一些外在的因素并不能成为限制它的框架。

这一点充分证明了，人生格局有多大，你就会给自己布多大局，那么，最终导致的结局必定不同。

由此可见，人生格局的大小是决定你能取得多大成就的基础，是让你能够承受多大压力的载体，是让你拥有多么远大梦想的舞台。

当你拥有足够大的人生格局之后，困难算什么？再远大的梦想算什么？都抵不过心中那个宏大的布局。你的内心布局有多大，也就决定了你的结局如何。总之，格局决定布局，布局决定结局。为此，我们都需要不断扩大自己的人生格局。

2."局限"就是一个人给自己设的"局"太小

在一个寒冷的冬天,一个乞丐冻得瑟瑟发抖,被一个路过的企业家看到,便给了他一些钱和衣服,希望他能过几天舒服的日子,毕竟,也快过年了。

又过了几天,这个企业家又遇到这个乞丐,看到他的穿着十分抢眼,也没有了当初的落魄样子,一看到企业家,就连忙上前拜谢。企业家又对乞丐说:"你来我公司上班可好?"乞丐愉快地答应了,并再次感谢企业家。

又过了一些天,有人告诉企业家说,那个乞丐每天都不好好工作,还不服从管理,影响非常不好。企业家感到很奇怪,在得到这么好的机会之后,应该拼命工作才对啊。于是,企业家找到乞丐,便问了他每天工作的情况。

乞丐倒也不隐瞒,说自己什么都没做,因为怕自己玷污了企业家的一片美意。乞丐的神逻辑是这样的:我本是一个坏人,因为蒙受了您的恩典,才拥有今天的成就。所以,我不能去做任何事,否则就对不起您的一片好心。

企业家又说,我把你招进公司,是希望你能好好工作,改变自己的生活状态,你不想过上更好的生活吗?乞丐说道,我岂敢在您的公司大展拳脚,更不能做出一些成就,因为那样会把您对我的爱比下去,没有您就没有现在的我。

企业家最后不得不说道，你不会希望我养你一辈子吧？乞丐说，按道理应该是这样，这样才能彰显出您伟大的胸怀和爱，我什么都不应该做，接受您的恩惠就是对您爱的回报，以及对您的尊重。

案例中这个乞丐的思想真是非常奇怪，还指望别人养他一辈子。但是，如果你了解他思想上的局限性后，再去理解他的行为就不难了。在他的思想里，自己始终是一个乞丐，不能有任何"非分"之想，企业家帮助他成为怎样的人，他就只能做一个怎样的人，而不能再做任何的改变。否则，就是玷污了企业家伟大的爱。

这是乞丐给自己设的一个"局"，在这个"局"中，他永远都是一个乞丐，所以，他不敢摆脱自己这种命运。

这个故事看似荒诞，其实，每个人都会不自觉地成为那个乞丐，在无形中将自己局限在一个又一个"局"中，不敢追求更好的生活状态。

如果你的目标是满足温饱，你就不可能成为一个富翁；如果你的目标是拥有一份稳定的工作即可，你就不会成为一个老板；如果你目标只限于当前，你就不会对未来有长远的打算。

这些就是我们为自己设的"局"，将我们局限在一个特定的环境范围内。因此，当你感到"局限"性时，就代表你给自己设的"局"太多，要想改变现状，就要扩大这些"局"。

而要扩大你的人生格局，最重要的是要将目光放得长远一些。一个只顾眼前利益的人，最终也难获得很多的利益，反而会因小失大。

以建筑物为例，那些超过50层以上的大楼，在打地基时，就确定了要盖几十层那么高。否则，一个只有几米深的地基，如何能盖成60层那么高的大楼？即使勉强去盖，也是空中楼阁，经受不了岁月的变迁，很容易就倒塌。这样一来，所受的损失就非常大，还不如当初只盖个几层高的小楼房。

这就是将目光放长远些的好处，如果要盖60层，就要在打地基时进行预算，才能得到一幢60层高的建筑物。对于生活中的很多事情都是如此，只有将目标先制定起来，才能朝着目标一步步前进，最终实现这个目标。

关于建筑物一说，很多人都知道迪拜这个国家的建筑物是世界最高的，为什么呢？因为，他们在设计一栋建筑物时，会首先将它设计成可以"长高"的模型，即将地基打到最深。在盖的时候，只要超过目前世界上最高建筑物即可，假如有其他建筑物超过它的高度，迪拜的工人们会再次对原先那个被设计好的建筑物进行加盖。

这个事例再次证明了，在做一件事之前，就拥有远大目光的重要性，如果没有远大的目光，就不会对建筑物进行特别的设计，只需盖成目前最高的就可以了。只是，这样就可能会被后来的建筑物超过，而迪拜人的目标可远不止于此。

将目光放得长远一些，订立更加远大的目标，会让我们的斗志被点燃得更加旺盛，从而为这个目标拼命努力，也就离目标不远了。如果所制定的目标很小，只是一个阶段性的目标，也就只能帮助我们实现这一个阶段的目标。当没有目标的支撑之后，你就陷入到实现目标的沾沾自喜的状态中了，全然忘记了再次拼搏。

另外，要扩大自己的人生格局，还要拥有大智慧，没有智慧地空想，就是妄想，永远也不可能实现。

一个乞丐可以梦想自己成为百万富翁，但是，这个梦想要基于现实，你必须要有挣一百万的想法和途径。否则，你每天就靠着行乞，如何能够实现这个梦想。

大智慧是对人生的一种理性思维，也是一种态度，一种成熟的表现。一个拥有大智慧的人，才能了解自己有多大的能量，既不会看低自己，也不会自恃过高。这样的人，才能给自己订立合适的目标，即通过长期努力就可以实现的目标。

拥有大智慧的人，他们会很自然地将目光放得很长远，并有一定的把握去实现目标，这就保证了目标的合理性，而不是天方夜谭似的空想。当然可以失败，却不是因为目标的制定失误而导致失败。

并且，一个拥有大智慧的人，他的内心格局也一定非常宽广，才让他在实践中，获得这些大智慧。由此可见，这两者是相通的，都可以打破限制自己的"局"。

只有努力打破或者扩大自己所在的"局",你才拥有更加广阔的发展空间,让所有局限你做事的客观、主观事物,都不能再牵绊住你。而想要做到这样,首先,要有长远的目光,其次,拥有大智慧。

很多人在评价一个小孩时,都会说他前途无量,而在评价一个中年人时,就不会再这么说。这主要是因为,小孩子还不会给自己设"局",他们的大脑是开阔的,敢于想象,并且敢于尝试。而中年人,由于经历了很多事情,看清了很多事物的本质,为了保险起见,便将自己设置在一个个"局"中,从而难以再次获得突破。

其实,如果能够将小孩子敢于拼搏的闯劲,结合中年人的智慧,就是最好的扩大自己人生格局的方式。没有了条条框框的局限,加上对生活的大智慧,每个人都可以拥有最大的人生格局,从而实现人生中的更多可能。

3. 着眼未来，将你的格局放大 100 倍

万达地产企业建于1988年，自成立以来，它一直在顺应时代的发展，不断寻求新的进步，如今已成为国内最大的房地产业。

时至今日，万达集团一共经历过4次转型，每次转型的结果都非常成功：第一次是在1993年，那时的万达集团还只是一个区域性公司，总部在大连，万达集团创始人王健林先生，为了赚更多的钱，便开始考虑跨区域发展。

其实，那时的万达在大连做得已经非常成功，收入直逼20亿，这在当时是非常了不起的成绩。但是，王健林并没有满足于此，他认为，在大连最多只能挣几百亿，当企业发展到这个程度时，就会出现"瓶颈期"。于是，他便毅然决然选择了跨区域发展。

万达是当时第一家走跨区域发展转型的企业，因为没有先例，所碰到的困难可想而知。但是，通过不懈的努力和创新发展，万达挺过来了，成为全国性的企业，被更多的人了解。

万达的第二次转型，是将住宅地产转为商业地产，主要是希望转向不动产，让企业的资产不断升值。这样，会更能保障员工未来的生活，同时有稳定的现金

流应付意外事件的发生。

在第二次转型的过程中，万达也遇到了非常多的困难，其中被人告了200多次，损失近10亿。即使这样，王健林依然坚持转型，在经历了一次又一次失败之后，终于使万达成为全球第二大不动产公司。

万达的第三次转型是向文化旅游转型，发展旅游行业，建设旅游度假区。对于这次转型，王健林的考虑是，房地产虽然在当时看来是朝阳企业，但是，它的蓬勃发展最多不过20年。那么，20年之后，万达该走向何处呢？正是基于这样的考虑，王健林将目光投向了旅游业。

万达的第四次转型则是向跨国企业转型，不止做中国的企业，而要建立世界一流的大型企业。为此，万达并购了美国的电影院线、英国的游艇，并在英国投资酒店，几乎每年都有在海外实施并购的目标。

这就是万达集团的商业版图，由四次转型构建而成。目前，几乎在每个城市，都有"万达广场"的存在，包括餐饮、百货、娱乐等行业，使得万达俨然成为每个城市的休闲、娱乐中心。

但是，万达的成功是偶然吗？四次转型为什么每次都能够成功呢？其实，最主要的原因是王健林对万达的发展格局设定得非常宏大，一直着眼于未来，从不满足于当前的成就。

如果万达没有远大的发展格局，它就不会取得一次比一次更辉煌的成就，这与它最初的"根基"密不可分，而这种根基就是它最初的格局状态。

由这个案例也可以看出，着眼于未来，能够将你的格局放大100倍，你也就能因此获得更大的成就。万达的四次转型，都是发生在其蓬勃发展期，而不是即将衰落期，表明了王健林一直在对万达的未来做打算，总是想着如何让未来的万达发展得更好。

对于万达的成功，主要依赖于王健林的眼光，只有他自己的格局被放大到100倍，才能将万达的格局放大到100倍。这也揭示了一个道理：要想成功做一件事，就要先把自己的格局放大，你才能做出最大的努力，从而取得不错的成绩。

凡是不肯着眼于未来的人，都做不出太大的成就。很多企业之所以不能长久地发展下去，就是因为没有着眼于未来的发展，虽然在前期很成功，却不能保证它的后期一样成功。如果你打算做一件事，一定不要只盯着眼前，请将目光放长远些，对你克服目前的困境、关注未来的发展格局，都有非常有利的作用。

对此，很多人就会有一些疑问，我本是平民出身，难道一开始就将目标定位为世界首富吗？这也太不现实了。对于这个问题，日本首富孙正义说过："起初所拥有的只是梦想和毫无根据的自信而已，但一切就从这里开始。"

孙正义在成为日本首富之前，只拥有两名员工，但在他大病初愈时就放豪言说成为世界首富。估计那时的所有人都会以为他是病糊涂了吧，但是，这并不阻挡他成为世界首富的雄心。

目前来看，支撑孙正义成为日本首富的信念，全仰仗于他当初那份"毫无根据的自信"。但是，从另外一个角度，也可以说孙正义将自己的人生格局设定得非常远大，不局限于当前的生活状态，只着眼于未来。

因此，无论你的起点有多低，都不应成为你实现目标的阻碍，更不应成为影响你制定目标的因素。相反地，大多数成功者的起点都比普通人低，也正是因为这样，他们才有拼搏的动力。

而应制定什么样的目标才合适，就需要你将自己的人生格局放大到100倍以后再决定，并且，要以着眼于未来为发展方向。这么做，会有以下几个好处让你终身受益。

首先，激发你未知的潜力。

每个人的潜力都是无限的，不把自己逼到死角，就不会绝处逢生。生活在安逸状态中的人，永远不会懂得拼搏的意义，更无法发掘自己到底有多少潜力。

当你着眼于未来，给自己制定宏大的目标时，就会激励着你竭尽全力地去拼搏，当你的潜力因此被激发出来之后，对你整个的人生都有非常大的帮助，它更加有力地促进今后的发展。

因此，不要害怕自己制定的目标是否过于宏大，只要你肯努力付出，总有一天，你会将现在的目标当成一个阶段的目标而已。因为，在努力的过程中，你的潜力被激发出来，能够帮助你做更多的事情，再宏大目标的实现，都只是需要花费时间而已。

其次，开阔你的眼界。

当你不再拘泥于眼前的小利益时，就会发现世界的开阔性，你的眼界也由此被彻底"打开"。而这将更加有利于你为以后的人生设定目标，接下来再以远大的目标开阔你的眼界，这是一种良性循环。

一个人眼界的大小，决定了他看世界的深度与广度，而在此基础上，你会发现更多新的机遇。以前自己无法看到，甚至是无法预测的事物，在你眼界被打开之后，都可以清晰地被看到，你可以据此做出理性判断。

就像王健林一步步将自己创办的万达不断推向新的高度一样，在四次转型的过程中，一次比一次更有挑战性，带来的成就也更加巨大。而这都得益于他在放大自己格局的时候，眼界逐渐变得开阔，才能将一个区域性企业逐步变成跨国企业。

因此，将自己的格局放大100倍，并不能算是取得成就的终点，当你的潜力被无限激发、眼界不断变得更加开阔时，你不仅能够成功实现当初的目标，也能对未来的发展做出预测，进而制定出更加宏大的目标。

最后，彻底改变你的生活。

当一个人的潜力被充分激发出来，同时，眼界也变得十分开阔，那么，他的人生必然已经发生了翻天覆地的变化。当然，这种变化是积极向上的，指引你走向人生更高的平台，从而去实现更加远大的目标。

一个人能够做成多么大的成就，与他所处的平台有很大的关系。例如，马化腾经营QQ十几年的时间，开发出微信，对于他来说是很轻松的事情。但是，这对于其他外行人来说，简直就是天方夜谭。

因此，当你的生活被彻底改变之后，意味着你所处的平台越来越高，相应地就可以做出更加了不起的事情。

这就是着眼于未来，将自己的格局放大100倍的好处，即由远大的目标激发你的潜力，再由被激发出的潜力帮你完成更加宏大的目标。所以，每个人都不必妄自菲薄，你能做的远比你想象的要多，只要你肯着眼未来，并将自己的格局放大100倍！

4. 投资情感：让别人欠你的

在这个世界上，每个人都不可能独立生存，相互帮助是人生的常态。但是，每个人又都是自私的，都希望别人能帮助自己多一些，而自己付出少一些。如何化解这个矛盾，就决定了你是否能在需要得到帮助的时候，有人愿意帮你。

其实，这个矛盾的化解方式非常简单，那就是学会投资情感，让别人欠你的。这样，他们在你需要帮助的时候，才会心甘情愿地帮助你，为了"还"他们欠你的人情。这就是投资情感的重要性。

一个冬天的夜晚，由于客房都被住满了，看守旅店的服务生便打算早点睡觉。这时，一对老夫妇来敲旅店的门，这个服务生打开门，有礼貌地对他们说，房间已经住满了，还是去找其他旅店吧。

但是，这对老夫妇却说，这已经是我们找的第三家旅店了。看着被冻得发抖的老夫妇，服务生微笑着说，如果在平时，我会帮你们叫辆车，去找其他的旅店，但是，今天这么大的雪，实在不希望你们再冒雪前行。如果你们不嫌弃的话，你们可以睡我的房间，我睡在办公室，不过我的房间条件可不是很好，但是也还是比较干净舒适的。

这对老夫妇非常高兴地答应了。第二天，他们去结账时，那个服务生说，你们没有睡旅店的房间，所以不收费，你们没事就好。老夫妇非常感激这个服务生，便问了他的姓名，并说以后会为他盖一个酒店。服务生只是笑笑，并没有放在心上，便送老夫妇离开了。

又过了几年，这个服务生收到一封信，说明了那个冬天晚上发生的事情，并邀请他到纽约，信里面附赠了一张机票。服务生到达纽约后，又看到了几年前遇到的老夫妇，他们指着面前一栋新的建筑物说，这是我们为你盖的酒店，以后就由你来经营。

服务生非常惊讶，自己怎么会得到如此厚重的礼物？老夫妇说，我们认为你是最优秀的服务生，一定能把酒店经营好，交给你我们很放心。

这就是纽约最出名的酒店——希尔顿酒店，象征着入住客人的尊贵身份，而这一切，都是那个服务生用真挚的情感换来的。

案例中的服务生，用情感换来了老夫妇的赏识，在不知不觉中为自己带来了更好的发展前途。这足以证明，投资情感的重要性，它甚至可以决定你的人生高度。很多服务生也许一辈子都只是普通的服务生而已，而案例中的服务生，却以投资情感的方式，改变了自己的人生轨迹。

但是，在生活中也常见另外一些现象：每个人都在斤斤计较那一点点得失，为了小营小利而展开口角之争，甚至大打出手，在无形中将自己的形象毁损掉。即使得到了那一点利益，又能怎样？依然改变不了你生活的现状，只会让你永远活在那个阶层中。

另外，还有一些人，明白投资情感的好处，就时时做一下"假好人"，付出之后就立马要求得到回报，否则，就会与他人撕破脸。这样的人非常聪明，但是，聪明反被聪明误，别人也不傻，有时受了你一点帮助之后，宁愿付出一些钱，也不愿欠这种人的人情，还有一些人，压根就不会接受这种人的假好心。

因此，如果你是一个立即要求回报的人，愿意接受你帮助的人，也是在算计你，根本不会想着给你任何回报。正所谓，将心比心，你是什么样的人，你就能遇到什么样的人。一个时时想着得到回报的人，最终将什么都得不到。

如此看来，投资情感并不是一笔生意、一个交易，而是需要拿真心交换。案例中的服务生，在帮助那对老夫妇时，并没想到要求得到回报，只是在自己能力范围之内，顺手帮助一把，是出自真心地不希望他们再次淋雨。

那么，关于如何进行情感投资，可以大致总结为：

（1）必须出自真心地付出

播种什么样的种子，就会得到什么样的果实，我们抱着什么样的心态去帮助他人，也就会得到同样的回报。永远以这种心态去做事，就不会虚情假意地去帮助他人，而是出自真心地去帮助他人。

每个人都能感受到真心的付出，并且，每个人都不会轻易辜负一片真心，真心是世界上最宝贵的东西，无法用任何事物来衡量和代替。

所以，出自真心地付出，才会有这么大的魔力，让别人念念不忘的同时也要给予回报。对于情感投资，付出真心是第一步，也是最重要的一步，唯有真心才能换来真心。这样的情感投资才有价值。

（2）不要想着回报

当你付出自己的真心之后，不要总想着回报，否则，又会让你陷入到付出与回报不成正比的恼怒状态，从而影响你的行为，使你之前的真心付出全部变为零，白白付出了。

毕竟，每个人在思考方式、做事风格、生活习惯上都不相同，对于你的付出，他们也会感受到不一样的体验，从而回馈给你的也不会相同。

我们只要做好自己即可，在别人需要帮助的时候，提供一些帮助，也会让我们感到开心，所谓"赠人玫瑰，手留余香"。当我们所做的好事累积到一定程度时，即使没有他人的回报，我们也会变成一个乐于奉献的人，而这样的人，是每个人都愿意亲近的人，自然会遇到更多的机会，而这就是最好的回报。

因此，在投资情感时，不要总想着回报，而是要保持良好的心态，要想着是为自己做好事，而不是为别人。并且，你的付出绝不会没有任何回应的，也许只是这个回报非常丰厚，需要你耐心去等待，且不可在焦躁中迷失自己。因为，你的付出总会有另一个人来弥补你，这就是这个世界的发展规则，每个人都是在不断地付出又不断地收获。

（3）尽力而不勉强自己

投资情感是一种顺其自然的行为，不能勉强为之。你需要付出真心，并且不要求回报，那么，你也应保护自己的权益，在自己力所能及的范围之内去帮助他人。

因为，你也需要继续生活下去，不可能舍弃所有而去帮助他人，否则，也会适得其反。

在刚刚毕业时，我陷入了热恋，我的男朋友特别擅长说一些甜言蜜语来哄我开心，我以为自己是最幸福的人。有一天，我跟我的老板聊天，突然没头没脑地问了他一个问题：你愿意为你老婆去死吗？那个老板也没有生气，反而郑重地回答我：不会。并且他进行了解释：如果是发生在灾难面前，两个人只能存活一个，那么我愿意先死去。而如果是因为贫穷，不够我们两个人吃饱饭的情况，我不会把食物全部给她，而是一人一半。因为，我必须要活下去，这样我才能为她创造更好的生活。

这件事情我一直铭记在心，它时刻提醒着我，帮助他人需理性对待。当你真的倾其所有去帮助他人时，你就陷入了需要他人帮助的状态，而接受你恩惠的人也会内心充满了愧疚感。有时，当这种愧疚感压得一个人无法喘息时，就会变成一种仇恨，时刻折磨着他，久而久之，他对你的感激就会变成一种仇恨。

这是人性的弱点，谁都无法避免。总之，在投资情感时，必须要考虑这三个方面，只有妥善处理这些，你的情感投资才有价值，让别人觉得真的是他欠你的，才能为你带来更好的回报。

5. 投资美德：拥有绝对影响力

美德是世界上最美好的品质，拥有良好美德的人，也总是会受到他人的欢迎。因此，投资美德，你就会获得他人的认可甚至是追随，让你拥有绝对的影响力，这对一个人的发展，以及人生格局的扩大，都有积极的作用。

所以，每个人都应学会这件事：投资美德。

有一个人去一家大公司应聘，排队的人很多，在等待的过程中，他便和其他面试者聊天。在聊天的过程中，这个人发现几乎所有人的学历都比他高，这让他感到非常有压力，在轮到他去面试时，他便抱着随和的心态，心里已经做好不被录用的打算。

在推开面试官的门之后，这个面试者发现地上有一张纸，便随手捡起来，又发现上面是空白的，并且还有些脏，就顺手扔进了旁边的垃圾桶。走到面试官面前时，他简单作了下自我介绍。谁知，面试官随即宣布他被录取了。

这个面试者感到非常惊讶，虽然很高兴，但是还是忍不住询问原因。面试官说："地上的那张纸就是我们的考题。其他面试者都无视地走过，只有你把它捡了起来，并进行了妥善处理，即扔进垃圾桶。我们公司一直坚信，只有愿意把每件小事做好的人，才有资格做大事，而你正好拥有这种美德。"

随手捡起地上的垃圾，是再小不过的事情，也是人应该拥有的基本美德。但是，在这个案例中，那些拥有高学历者，都忽略了这件小事，一心希望能够做点"大事"，对于最基本的美德行为，却都不在乎。

正是这个思维作怪，才导致了这些面试者的失败，即使拥有高学历，抑或是拥有非凡的工作能力，但是，不具备基本美德的人，永远无法取得真正的成功。

但凡一个成功的人，不一定是最聪明的，但却一定是具有一个美德的人。这样的人，人们才愿意亲近他、帮助他，当他因此不断扩大自己的社交圈之后，身边的机会也会越来越多，成功只是早晚的事情。

而一个不具备基本美德的人，即使再有才华，也会落得众叛亲离的下场，因为，他不懂为别人留下美德的种子，一切以自我为中心，最终只会自尝恶果。

因此，不管是为了要在事业上取得成功，还是让自己成为一个更具影响力的人，你都应该学会投资美德，让它帮助你的生活变得更加美好。但是，投资美德也不是一件简单的事情，需要从以下几个方面进行：

（1）不要忽视小美德

不随手乱丢垃圾是一种美德，救人于危难之中也是一种美德，无论所做事情的大小，都是一种美德，都不应被忽视。

"不以善小而不为，不以恶小而为之"说的正是这个道理，再小的美德，都值得认真对待。否则，当你连小的美德都不再拥有时，谁又能相信你会拥有大的美德呢？

就像是一个老板不可能让一个办公桌堆放得乱七八糟的员工，来管理其他员工一样，自己都管理不好，如何管理他人？你以为一件小事不去做没关系，但是，别人了解你就是通过一件件小事，在小事上给他人留下坏印象的人，是不会被他人信赖的。

这就是美德的重要性，它反映了一个人的品德，越是在小事上讲究美德的人，越是会受到他人的喜爱，别人才能很放心地将大事交给你做。因为，他们相信你拥有做大事的美德，而这种信任，完全是建立在观察你做小事时的态度。

美德是什么？凡是可以为一个人增添力量的东西，如勇气、自信等，都被称为美德。因此，它是表现在所有事情上面的，而不单只是一件事。所以，人们以一个人在小事上表现出来的美德，去衡量一个人拥有的美德度，是完全正确的衡量标准。

因此，那些在小事上不具备美德的人，自然也就不能将大事做得更好。如果你还是一个容易忽视美德的人，真应该好好思考自己的行为了，并分析一下，如果让你去做一件大事，你真的会按照你所想象的那个样子去做吗？

（2）要时刻从他人角度出发

一个人所拥有的美德会让他人感觉到舒适，这样的美德就是为他人着想，在做每件事情前，愿意从他人角度去考虑，这样的人，一定拥有非凡的影响力。

这是因为，每个人看待事物的角度不同，所得到的答案也不尽相同，我们要尊重他人的意见，学会从他人角度看待问题，这就是一种美德。美德是求同存异，更是尊重他人的表现，一个懂得尊重他人的人，自然会得到他人的尊重。

因此，要想得到他人的好印象，就先从他人的角度出发去思考问题吧，你就会了解他的思维，不会妄下判断，他也才能对你产生好感。

如果不从他人的角度出发，我们会认为一些之前没有遇到的事情是不可思议的，就像我们会因为没有钱买漂亮衣服而伤心，却不会想到那些拥有很多漂亮衣服的人也会难过。如果每个人都是这样，这个世界将变得十分冷漠，还谈何发展呢？更不要提一个人会影响另外一个人了，连说话都没有交集的人，是根本无法影响其他人的。这也从另一个侧面说明了，从他人的角度出发是多么重要，它不仅是一种美德，更是让每个人获得良好发展的必要条件。

（3）投资美德无止境

有些人在投资美德一段时间后，由于收到了很不错的回报，很多人都开始依赖他、信任他，他要做什么，都会有人支持。于是，他便开始变得骄傲起来，不再投资美德，认为自己已经拥有一定的影响力了，根本没有必要再去投资。

这样的人，他的下场也一定是失败。投资美德不是一段时间的事情，而是一生的事情。当你因为取得一些成就而变得目中无人时，你就是在将自己推向深渊，以后想再努力，也非常困难。

失去美德的人，比失信的人更可怕，所造成的影响也是最致命的。一方面，失去美德会让自己的行为失去控制，一切以自我或者利益为中心，而不去考虑其他人的感受，这样自然会受到他人的排挤。另一方面，失去美德的人，也成为了一个思维和行为都非常狭隘的人，对自身的发展没有一点好处。

美德是贯穿一个人一生的事情，并不是一种获利手段。我们通过投资美德来得到一些对我们有利的东西，这也是理所应当，就像上班拿工资一样。我们付出了什么，自然会收获到什么。而当你利用美德时，它本身已经变质了，也就无法再为你带来任何益处。

总之，投资美德是一项贯穿终生的事业，它不仅会为你带来事业的成功，更会让你成为一个优秀的人，从而拥有绝对影响力，用实际效用去影响他人。因此，每个人都必须学会投资美德，只有这样才能收获美德。

6. 投资口才：在任何地方说服任何人

有没有试过好心办坏事的情况？明明自己是善意，说出口的话却让人觉得很不是滋味，不但不会感激你，还会因此讨厌你。那么在这个过程中，你究竟做错了什么呢？

你的善良并没有错，你错在不会表达你的善良，没有让他人觉得你善良，你就是一个不善良的人。而要让他人清晰地了解你的品质和种种行为，首先学会的就是如何说话。

每个人都会说话，小孩子也会说话，但是，你真的说对了吗？如果说对了，为什么没有得到你想要的反馈呢？其实，每个人的一生都在练习说话，只是，成人学说话是在锻炼一种叫作口才的能力。

口才，即说话的才能，不仅能够准确表达自己的意思，也能让不同的人听懂。很多人在和别人吵架时，总是会说："和你没有共同语言"，其实，是因为你没有说到对方心里去，所以无法说服对方。毕竟，每个人都是不同的，共同语言也是需要相互培养的。

周恩来总理是一位伟大的领袖，同时，他也是一位口才了得的外交家。那时的中国刚刚解放，国内经济增长缓慢，自然不能跟国外资本主义国家相比。为此，在与他国的交涉过程中，外国一些领导者在说话时，总是暗含嘲讽，但是，周恩来总理每次都能一一化解，为中国人赢得尊重。

有一天，一个外国的外交家问周恩来："我们国家的人走路都是昂首挺胸，而中国人走路都是弯着腰走，这是为什么呢？"其中暗含讽刺的语言非常明显，但是，周恩来不急不忙地说："在走路的时候，凡是走上坡路，都是弯着腰走，只有走下坡路的时候，才会昂首挺胸地走。"一句话说得那个外国人无地自容。这就是口才的力量。

周恩来通过卓越的口才能力，打击了外国人不怀好意的语言攻击，也挽回了国人的尊严。因此，口才是一个人的语言武器，如果运用得当，能够帮助自己和自己想要帮助的人，其作用不言而喻。

由此可见，口才不仅能够帮助你被他人更好地理解，增进彼此之间的感情，更是维护自己尊严的必要条件。语言是一种神奇的东西，能够温暖他人，也能伤害他人，更能成为攻击他人的工具。为了不受到他人在语言上的攻击，我们必须要投资自己的口才，拥有良好的口才技能，才能不被他人左右。

生活中，我们难免要与他人打交道，语言则是打交道的工具，在使用语言的过程中，如果不稍加注意，就会被他人说的话带着走，从而任他人摆布。但是，如果你肯花时间投资自己说话的技巧，即口才能力，不仅会帮助你摆脱这一境况，更能帮助你在任何地方说服他人。

英国作家狄更斯有一次在河边偷偷钓鱼，正在兴头上时，一位陌生人走到他面前问他："你是在钓鱼吗？"狄更斯以为是陌生人搭讪，便说道："是啊，今天真倒霉，都没钓到鱼，昨天都钓了十几条了，也是在这个地方。"

那个陌生人听完之后又说道："你昨天钓了很多鱼啊？那你知道我是谁吗？我是负责看守这条河的，有谁偷鱼，我都会处罚他，因为这里禁止钓鱼。"于是，这个陌生人便准备开罚单，并问狄更斯的姓名。

狄更斯心想，原来这个陌生人故意引诱我说出钓到鱼的事实，便随即说："你知道我是谁吗？我是作家狄更斯，但是你不能处罚我，因为我的职业就是虚构故事，包括我刚刚说的话。"

陌生人没有办法，只得离去。

这就是口才给我们带来的好处，可以让我们化险为夷，也能拆穿他人伪装的友善。当你能用语言说服任何人时，你就是人生的赢家，这是毫无疑问的。那么，我们应该如何投资自己的口才呢？

一般说来，我们需要从以下几个方面进行学习和投资。

（1）敢于说话

只有敢于说话的人，才能从说话中练好口才，即使不断犯错，这些错误的经验积累到一定程度之后，也能帮助你成为一个口才不错的人。

因此，要想练好口才，首先要敢于开口说话。很多人在陌生人面前都会有一种胆怯的心理，但是，我们必须要克服这些心理，将我们想说的话表达出来，才能得到我们想要的。

还有，在面对我们的长辈、领导等级别比我们高的人时，更要敢于说话，才能争取到我们应得的利益，而不是一味地答应不利于我们的条件。

另外，对手越是强劲的口才高手，我们就越要敢于说话，才能发现自己说话的不足，并学习对方的经验，这是我们锻炼口才的绝佳机会。当我们还不是一个口才非常好的人时，就需要多学习，而敢于说话就是学习的最好方式。

（2）勤反思

即使你已经拥有不错的口才能力了，也不能骄傲，并且还要勤于反思自己的不足，这样，才会让我们获得长久的进步。

法国的一个名人波盖，自认为是一个口才极佳的人，在一次与马克·吐温的交谈中，开始嘲笑美国的历史浅短，说道："美国人在没事的时候，总喜欢怀念他的祖宗,但是,当想到祖父那一代时,就追溯不到更远的关系了。"

马克·吐温笑了笑说:"是啊,美国人不像法国人那么无聊,总喜欢想自己的祖父究竟是谁。"

这个案例说明了,即使是非常能言善辩的人,也会遇到比你更厉害的高手,如果你不懂得反思自己,以一副高高在上的姿态对人,必然会遭到更深的打击。

有反思才有进步,才会不让自己变得骄傲自大,别人也才不会处处要抓你的"把柄",正所谓枪打出头鸟,正是这个道理。

(3)永远保持谦虚的态度

我们学习口才的目标,是为了让我们不被他人攻击,能通过合理的手段为自己争取应得的利益。但是,我们绝不能因此而去攻击他人,即使我们已经可以在任何地方说服任何人。

因为,保持谦虚的态度会让我们更加游刃有余,而不是处于一种咄咄逼人的状态,那样只会让人反感。并且,当你保持一种谦虚的态度时,你会发现他人说话的优点,自己再加以运用,就成为了你的技能,从而帮助你更好地锻炼自己的口才技能。

这三个方面是帮助我们投资口才必备的条件,既能帮助我们更好地锻炼自己的口才,也能帮助我们从他人身上,学到更多的东西。在任何地方说服任何人不是目的,而是为了从中得到我们想要的东西,从而获得成功。

因此,投资口才不是让你变得如何巧舌如簧去欺骗他人,而是让你拥有一种技能,可以在需要的时候帮助到自己。只有摆正心态,投资口才的过程才是积极向上的,结果也会更有价值。

总之,投资口才不只是说说而已,更要多反思、思考他人的说话方式,永远保持谦虚的态度,才能让自己立于不败之地。当投资口才成功之后,你就能够感受到在任何地方说服任何人给你带来的成就感,并能因此改变你整个人生。

7. 投资大脑：世界上唯一只赚不赔的投资

2015年似乎是不平凡的一年，投资互联网金融，很多平台跑路，投资股票，股市动荡不安的现状让人整天提心吊胆。似乎投资什么都不能保证稳赚，这让那些追求稳定的人毫无安全感，甚是痛苦。

其实，这个世界上存在一种只赚不赔的投资，那就是投资大脑。

如果我们把世界上几大富豪的资产清零，让他们去一个完全陌生的环境，重新创业，他们也一定不会是穷人。因为，脑袋的容量决定口袋的容量，赚钱的能力全在大脑中，是任何人都偷不走的。

因此，投资大脑是绝对只赚不赔的行为。一个人的行为决定了他是否能够成功，而是什么决定一个人的行为呢？那就是大脑的控制，大脑控制每个人的行为，你有什么样的想法，就会去做什么样的事情，而这全依靠大脑的运转。

在智利北部的一个村庄里，由于特殊的地理环境，让这里形成一种多雾的气候。但是，这个村庄的土地却非常干涸，太阳的照射很快就让雾消失殆尽，无法满足民众对水的需求。因此，这个村庄一直以来都没有绿色的植物，每个人似乎都习惯了这样的生活，并认为这样才是正常的现象。

有一天，一个物理学家经过这个村庄，在了解了村庄奇怪的现象之后，他却发现这里布满了蜘蛛网。这个物理学家便开始思考，既然蜘蛛都可以活下来，植物为什么不能活呢？于是，他便开始研究蜘蛛是如何获取水分的。

在经过一段时间的调查之后，物理学家发现蜘蛛网有很强的吸水性，能够在太阳出来之前，吸附大量的水分，这就是它们能够活下来的原因。

这位物理学家便把这个发现告诉了智利当地政府，并帮助他们研制出人造纤维网，用来吸水，这样，就会有大量的水蒸气被拦截下来，然后流到设置好的流槽内，就成了可以利用的水资源。

有了这些水资源之后，不仅满足了当地居民生活用水问题，还有多余的水资源浇灌土地，从此，这里也能够看见绿色植物了。

由这个案例可以看出，每个人对同一个境况的思考不同，所产生的差异就越大，而决定这些不同的都是因为不同的大脑。一个充满无穷知识的大脑，是可以克服一切难题的，反之，就只能被动地适应环境，而不能改变环境。

因此，每个人为了取得成功或者为了生活得更好一些，都应该对自己的大脑进行投资，当大脑变得丰富起来，你的口袋也会变得沉甸甸的。

但是，还是有很多人反驳说，每天工作都那么累，哪有时间去学习呢，再说也没有钱去学习啊，如何投资大脑？其实，如果你没有时间和钱去投资大脑，你在其他方面浪费的金钱和时间会更多。

因为，你的大脑空空就决定了你不会做出什么伟大的成就，在遇到困难时，你也想不出更便捷的方式去解决，有时还需要找他人帮忙或者花更多的钱去解决。在这个过程中，你反而浪费了更多的时间和金钱，那么，是先投资大脑划算呢，还是事后花更多的钱和时间划算呢？

但是，如果你决定要投资大脑，就必须一直坚持下去，因为，投资大脑不是一件立马就能看到成效的事情。为此，你不能是一个急功近利的人，要以长远的眼光去看待投资大脑这件事。

正如我们进入一家公司上班一样，如果没有两年的时间，你基本上不会学到任何有用的知识，如果没有五年的时间，你也无法掌握更专业的知识，如果没有十年的时间，你也无法成为一个领域的专家。

任何学习都是需要花费大量时间的，投资大脑更是如此，没有足够时间的沉淀，是不会见成效的。就像我们曾花费一二十年的时间学习书本知识一样，没有这些时间，我们也不会懂得那么多东西。

那么，我们在投资大脑时，具体该如何做呢？

首先，保持空杯心理。

不管之前的你多么博学，要想再次学到新的知识，就应该保持空杯心理，这样，才能往大脑里装进更多的知识。

保持空杯心理就是一种学习态度，态度决定行为，行为导致结果。因此，在投资大脑之前，先要树立正确的学习态度，即保持空杯心理，才能让自己以一种"无知"的状态，去接纳更多新知识。

在保持空杯心理之后，还要勤于学习，否则，你的空杯心理又有何用呢？其实，我们完全可以通过很多免费途径来学习，只要你有学习的欲望，生活处处都是可以学习的地方。尤其是在互联网迅速发展的时代，有太多免费的资源，完全不需要花费金钱，就可以随时学习。

因此，找不到学习的途径并不是借口，只要你勤于学习，就能找到可以学习的方法。但是，为了提升自己的学习的层次，我们也有必要偶尔花费金钱去学习一些更有"营养"的知识。

保持空杯心理是为了不让自己感到自满，因为自满的状态无法再吸收知识，而要填满这个空杯，就需要我们勤于学习，在任何时候、任何地方都不要忘记投资大脑。

其次，学会顺势而为。

投资大脑不是一件一成不变的事情，而是在不断变化的事情，因此，我们需要学会顺势而为。比如"磨刀不误砍柴工"与"先下手为强"，本是反义词，我们在学习时，应该以哪一个为准呢？正确的做法就是顺势而为：什么样的方法适用于什么样的场合，就选择什么样的方法，否则，再好的方法不适用当时的场合也不是好的方法。

这个特性决定了我们在投资大脑时，必须掌握的一项技能就是随机应变的能力，不能去做"刻舟求剑"的傻事。

在目前我们所处的社会，网购热潮刚刚席卷每个人的生活，手机就代替电脑了，移动支付又成了人们最新的购物风潮。如果只是用守旧的思想去看待这一现象，就不可能会有手机购物这一说。

顺势而为也可以说成是以发展的眼光看待问题、去投资大脑，这样得到的成果，才不会是墨守成规式的"死"知识，而是能够活学活用的技能，让我们可以不断创造新的事物，去改善目前的生活状态。

这就是投资大脑最直接的好处，不是让我们模仿他人，而是学习他人的创造能力，加上自己的思考，去改善我们所处时代的社会环境，如马云改变传统零售业、王健林改变传统企业区域性的发展一样。

最后，必须持之以恒。

投资大脑这件只赚不赔的行为，也注定了不会是短期行为，每个人在做这件事之前，都要做好持之以恒的准备，这是投资大脑的硬性规定。

因为，对大脑长时间的投资，才能看到成效，时间越长，所能达到的效果就越明显。即使投资的时间很短大脑也是可以帮助我们做一些事情，但是，那些只是非常简单的事情而已。要想获得更大的成就，就必须舍得花时间去投资。

学习不是一朝一夕的事情，任何取得辉煌成就的人，都是用一生的时间去学习，如爱迪生、居里夫人等。这不仅是由学习本身的性质决定，更是由不断发展的外部环境所决定的。总之，投资大脑是一项相伴一生的行为，必须持之以恒。

如此看来，投资大脑并不是一个简单的行为，需要我们以毕生的心血去完成。但是，如果能够坚持，它所带来的成效也是持久性的，甚至超越了你生命的长度，就像历史上那么多做出卓越贡献的人，我们还依然记得并在使用他们的成果一样。

因此，要想投资一件只赚不赔的生意，就去投资大脑吧，外在的物质都可以改变，大脑却一直跟随着我们，我们有必要让它变得更好。否则，一个处于20世纪90年代的大脑，无法帮助你在21世纪做出不错的成绩。

第5章
可以发现天才，淋漓尽致地发挥天分

天才是世界上最聪明的，同时也是世界上最多的人。因为世界上每一个人都是唯一，都可以创造奇迹，都是属于自己星球的天才。但现实生活中，并不是每个人都能充分利用好自己的天才基因，找到与自己的兴趣和凹凸能力互补的搭档，因此自己体内的资源未能得到发挥，最终让自己成为平庸之辈。通过阅读这一章，就能够让你发现自己的天才基因，淋漓尽致地发挥自己的天分。

1. 你是世界上的唯一

每个人都有他隐藏的精华，它使人有了自己的气味，和别人的精华不同，正如世界上没有一模一样的两片树叶一样，世界上也没有一模一样的两个人，即使是双胞胎，两人在面相、性格、行为习惯上也会有很大的差异。因此我们要坚信自己是世界上的唯一，勇敢做真我，相信自己像节日的烟火一样，能够绽放出属于自我的光芒。

大音乐家贝多芬的个人魅力不仅仅是因为他谱写了《月光曲》《命运交响曲》《土耳其进行曲》等美妙的乐曲，更是由于他在对待黑暗势力时，敢于相信自我，坚持自我。

1806年，拿破仑大军占领奥地利，当时贝多芬寄居在李希诺夫斯基公爵家中。一天公爵宴请拿破仑士兵，士兵得知贝多芬在公爵家中，要求贝多芬为其弹奏一曲。贝多芬当即拒绝。而后公爵执意要求并贝多芬为军官们弹奏一曲。贝多芬大发雷霆，并且对公爵说："公爵你之所以成为公爵，是出于一种偶然，而我之所以成为贝多芬，完全是因为我自己，公爵过去有，现在有，将来还有很多，但是贝多芬只有一个。"

随后贝多芬冒雨离开了公爵家。贝多芬虽然因为这次拒绝让自己陷入了拮据的生活中，但他的名声却因此传播到更远的地方，受到更多人喜爱。

贝多芬的例子也在告诉我们在生活中应该坚持自我，不能因为外界的干扰而盲目打磨自己的棱角，匆忙进行转型，最终只能丧失自己的唯一性，泯然众人矣。

但是在现实生活中，很多人从记事时就抱怨自己长相平凡、身高平凡、成绩平凡、性格平凡……为了让自己不再平凡，我们开始模仿明星穿衣打扮甚至整成明星脸，追逐那些成绩优秀的同学，并且总希望通过模仿、追赶，能够赶上他们，甚至超过他们，让他们也来羡慕自己。

可是很多人在模仿过程中渐渐迷失，不知不觉丢失自己的个性，风格。等自己回过头一看，发现自己早已不是原来的自己，变成四不像。

为什么会出现这种情况？就因为我们在改变的时候，忘记我们本来就是独一无二，不可复制的。比如从我们出生之日起，具备属于自己的名字、身份证号码、性格、父母等。也许有些小脾气在别人看来是任性，但父母反而觉得很可爱。再比如我们的小缺点和坏毛病，也许在情人眼中就是最美好的东西，也是打动他的主要因素之一。

既然知道自己是世界上的唯一，我们就应该根据根据自己的特长和优势，选择一条最适合自己的发展之路。从而在世界的坐标上，找到我们最合适的点，不仅实现自己的价值，还能为社会创造更大的财富。如何发现自己的特长和优势？可以通过以下三个方法。

（1）自测

自测就是指测评者对自己进行评估，得出自己的优势和不足。测评者在进行自测时，可以通过回忆最近的工作、学习、任务完成情况，审视工作态度和方法、对哪些事物最感兴趣、最厌烦的事情，继而得出自己的兴趣和特长，确定职业发展方向，重塑人生价值观。

自测能够对自己进行一场地毯式的反思，深挖自己内心深处的东西，将自己彻底剖析，获得更多有价值的信息。

（2）他评

他评指测评者要求周围的朋友、亲人对自己进行客观性评价。测评者要想做好他评，首先要准备好测评问题，保证问题能够全面顾及自己的性格、为人处世、事业态度等方面，确保从他人的评价中得出真实的自己。

另外周围朋友在填写测评表时，要彼此分开，防止相互"串通"造成测评失实。最后测评者将填写的数据收集上来，可以借助朋友和亲人的帮忙，分析出自己的优势。他评固然是发现测评者特长的方法，但如果参与他评人数少，也会丧失一定的科学性。

（3）专业测评

专业测评是目前最常用的测试特长和兴趣的方法。测评者在专业的测评软件上填写相应的信息，软件经过分析就能够得出测评者的特长和优势。测评者通过结论就能知道自己的优势和不足，在生活中发扬优势，规避不足，实现人生价值的最大化。

目前比较常用专业测评工具有乐嘉的性格色彩，即测评者填写30个问题，然后系统会根据测评者填写的内容，分析测评者属于红、蓝、黄、绿哪一种性格，测评者可以根据自己颜色性格，在生活中展示自我价值。

当然测评者在进行特长测评时，可以用一种或多种方法结合的方式进行评测，以求获得更准确的评测结果。测试结果能够让我们发现自身优势和不足，这样在工作的选择上会更有见地，选择最适合的工作，实现愿景。

坚信自己是世界的唯一，不盲目地跟风、模仿别人，发现自我优势和特长，选择最适合自己的工作和生活方式，实现人生价值不再只是梦。

2. 每个人都可以创造奇迹

在这个机遇与挑战并存的时代，每个人都可以创造奇迹。昔日辍学在家，着迷于电脑元器件的乔布斯，成为了科技股上市公司估值最高的CEO；阿里巴巴马云，凭借对互联网的痴迷，改变了中国人民的消费习惯和消费行为；昔日"烟草大王"褚时健出狱后，固执地踏上创业之路，在经历各种困难后，带着他的"褚橙"胜利而归。类似这样的例子还有很多，它们都在向我们昭示一个真理："奇迹并不是只有那些手握重权的人才能创造，每一个平凡的人都能创造奇迹"。

人生就像一个大舞台，每个人都是演员。有的人编好剧本，找到适合自己的表演方式，通过持续不断的努力，最终获得成就。而有的人整天感叹时光的流逝，人生的无奈，选择在人生的舞台上观看别人的表演，最终在平庸的生活中丧失斗志，沦为众矢。其实，我们要想创造奇迹，实现人生价值的最大化，首先要明白我们口中的奇迹到底是什么。

奇迹是指那些极难做到的却最终被实现的事情。通常说来，这类事情超乎人们常理，无法从科学的角度来解释它或量化它的存在。奇迹分实质性和非实质性两种，实质性主要是通过动用大量的人员和财力来完成的工作，比如中国的长城，埃及的金字塔，千人共包饺子，实质性的奇迹偏向整体。非实质性的内容偏向个人，比如个人凭借意志力，获得同龄人或同等阶级人士难以到达的人生巅峰，又或者打败根本不可能战胜的疾病和困难。

"我只有这一次活着的机会，死后再也不能复生了，所以，有一次活着的机会就要好好地活着。"这是出自张海迪文章中的一句话令无数人感动。

张海迪在8岁的时候，就不得不和疾病做斗争，每天都要面对死亡的来临。刚进医院时，她的病情就开始恶化，头发脱落，身体变得非常脆弱，更让她害怕的是，同屋的小朋友一个接一个死去。甚至医生也断言她活不了多久，很快就会离世。我们很难想象一个8岁的小女孩每天都要面临这样的恐惧。

但是张海迪并没有被这些言论、现象吓倒，而是相信自己能够活下来。每天积极锻炼，听从医生的话，把自己收拾得干干净净，不给疾病留下感染的机会。同时她还学会给自己注射、针灸，想尽一切办法让自己好起来。终于，功夫不负有心人，她的病情逐渐得到控制，获得重新生活的机会，这一切在常人看来是难以想象的。

从张海迪创造生命奇迹的例子，我们能够分析出奇迹的创造必须要有以下两个因素。

（1）坚信自己能够创造奇迹

巴菲特曾经说过"不相信奇迹的人，永远不会创造奇迹"。张海迪得以创造生命奇迹最重要的原因，就是她在困难的时候，始终相信自己能够创造奇迹，打败疾病。正是由于在这种自信，让她在日常疾病的治疗中，有了创造奇迹的基础。反观那些失败的人，就是在困难面前低下了头，永远不相信自己会创造奇迹，总认为自己会失败。在进行了多次的失败心理暗示后，奇迹自然也就离他而去。

1993年，伯森·汉姆徒手攀登纽约帝国大厦，不但打破吉尼斯世界纪录，也让他赢得了"蜘蛛人"的美誉。很快他的名声随着VOA（美国之音）被越来越多的人知道。美国恐高协会副主席电邀他,让他做恐高协会康复代言人。这时,他微笑着说:"你查一下1024号会员的信息。"副主席一查发现,1024号会员的名字竟然是伯森·汉姆,原来"蜘蛛人"之前也是一名恐高患者。

据伯森·汉姆解释,他过去被恐高症困扰不堪,连换灯泡都不敢。但后来决定改变自己,每天告诉自己一定能战胜恐高,创造奇迹,就这样进行周而复始的自我暗示,让他相信自己一定能够成功。在实际攀登时,正是由于他的这种坚信自我,让他成功创造了奇迹。

(2)坚持、坚持、再坚持

荀子说过,"锲而不舍,金石可镂",无数的中外名人用"坚持"二字谱写了一个又一个奇迹,屈原的坚持造就了《离骚》;哥白尼的坚持成就了日心学说;罗永浩的坚持成就了锤子科技。没有坚持,任何奇迹都会离你而去。那些一直坚持,始终在路上的人,一定能获得成功。值得注意的是,在坚持的路上,我们首先要明白我们追求的是什么,只有明确自己所追求的事物,运用正确的方法去做,这样的坚持才会更有价值和意义。否则坚持就是一种愚蠢的做法。

英国著名作家狄更斯之所以能在文坛上取得如此大的成就,离不开他的坚持。为写一部关于英国社会普通人民生活的小说,他每天去街头观察来往的行人,倾听平民生活中的言语,和那些普通市民打交道。长期的坚持让他对英国社会平民生活有了质的了解和把握,写出的小说现实感强,更能直击读者心灵,获得读者的喜爱。

试想没有他长期的坚持,怎么能够体察到英国平民的生活,更不可能写出《双城记》这部如此优秀的作品。

每个人在那些困难的岁月,只要相信自己能够创造奇迹,再用一种不服输、坚持、坚持、再坚持的精神去抵抗困难,就能够获得属于自己的奇迹,能够赢得他人更多的赞美和掌声。

3. 彻底发现自己和身边人的天才

汉高祖刘邦决胜、运筹不如张良，镇国、慰民不如萧何，打仗不如韩信，但是他却能打败项羽，成就一番霸业。究其原因就是他懂得发现和运用身边的天才。发现人才，为己所用，不仅能够让人才助力自己发展，获得更大的益处，还能充分实现人才的价值，让人才愿意长期留在自己身边。

天才的重要性人人皆知，如何发现天才一直是摆在很多人面前的难题。其实，发掘身边的人才，只需按照以下几步即可。

（1）保持开放性心态

人和人相处是建立在相互信任的基础上，如果我们在和别人相处时留有私心、待人不诚，始终用一种戒备的姿态，很容易将潜在的人才拒之门外，更别提和你做朋友了。因此要想获得人才，首先要保持开放性的心态，让潜在人才感受到你的赤诚之心，这样他才有可能会选择和你做朋友，你才有机会将一些潜在人才留住。其次要用一些"诱饵"留住他，这样就能将他长期留在自己身边，给自己更多时间去判断他是否是人才。

春秋战国时期各诸侯为了开疆扩土，获得更大的发展机会，纷纷抛出"诱饵"以吸引人才。比如"包吃""包住"，有的甚至每月还提供银子供人才消费，以求其长期聚集门下。传说春申君就有门客三千为其指点迷津，试想着春申君没有开放性的心态，吝惜钱财，门客怎么有可能寄居在此。

（2）见微知著，最短时间里将人才挑出来

人才和普通人相比必然有奇异之处，这也使得他在某种意识形态上和常人有一定的区别。如果你发现你身边的朋友出现这几个特征，这说明他很有可能是一个不可多得的人才。

①不合群者，独来独往。

天才总是孤独的，总是专心致志做自己喜欢的事情，他不会整天混迹在朋友圈中，喝酒摆笑。那些坚持原则，永远不会随波逐流的人很可能就是你要找的人才。

②敢在人群中发出声音。

平庸人多为沉默之人，永远是中间派，随着势力强弱调整自己的态度，不敢主动表达自己的观点和看法。而那些天才之人永远是敢为人先，敢在人群中发出自己独特的声音，乐于表达自己的观点和看法。同时他们不是中庸派，敢于得罪他人，无惧权贵和利益团队的伤害。

③做事情条例分明，目的性强。

天才做事情的目标性很强，做事也会一步一个脚印，事情也能得到妥善完成。那些做事毫无原则，没有计划，走一步看一步的人显然不符合人才的特征。

④愤青中也有不少天才。

很多人认为愤青只会对时事做做批判，不过是发发牢骚罢了。其实不然，当愤青对自己愤怒之事做批判时，能够很大程度上说明他对一件事情已经有了很深的了解，而那些对任何事都无所谓的人，显然是平凡不足惧之人。因此我们也要留意我们身边的愤青朋友，多去寻找他们身上的闪光点。

不可否认天才的特征还有很多，但我们只要把握天才与众不同这一特性，就能在很短的时间内找到天才，然后借助天才的力量，实现愿景。我们在向外发现天才的同时，也应该向内审视一下自己，有无天才特征，能否发挥自身的天才特征获得更大的新的发展机会。

每个人都是独一无二的，有不同的兴趣和天赋，怎么发现自己的天赋呢？就需要我们勇于探索、不断试错，认识自己，反思自己，最后找到自己最擅长的内容。

很多人认为天赋一定藏在兴趣中，其实不然，天赋通常表现在一种学习能力的快慢。比如你语言天赋很好，能够跟快掌握各种语言技巧，但是这并不代表你对语言产生很大的兴趣。同样你喜欢唱歌，也并不代表你对唱歌很有天赋，你很可能五音不全，纯粹是喜爱。因此我们在确定自己有何种天赋时，可以首先审查我们对何种事物的学习能力最强，然后以这个天赋为工作和学习的方向，施展自己的人生抱负。

台湾著名漫画家朱德庸，25岁红遍宝岛，著有《涩女郎》《双响炮》，可谓是名副其实的成功人士。但是他小时候学习成绩非常差，对图形很感兴趣，但是对文字、数字方面一窍不通，到初中的时候因成绩差竟然没有一所学校愿意招收他，极大地打击他的自信心。

一开始他也和老师们一样，认为自己非常笨，但是等到他17岁的时候，发现自己不是笨而是有学习障碍。更重要的是他认识到虽然自己文字不行，但是画画却有很大的天赋，总能画出让父母、朋友称赞的作品。每次他生气、高兴的时候都会拿起画笔画画，最终由于画画功底扎实，他的画得到更多人的认可，收获了成功。

朱德庸的成功和他恰当利用自身天赋有着密切的联系，如果朱德庸按照老师、家长规定的路线走，天赋也会更改相应的轨道，最终成为平庸之人。然而当他充分利用自身天赋，做自己喜欢做的工作，天赋的价值也得以最大限度实现。

我们要想成功，也应该尽可能发现自己的天赋，找到自己能力最强的一块。然后以这个天赋来安排自己的工作和学习，让自己少走弯路，以在最短的时间内实现成功。

4. 彻底发挥自己和身边人的天分

任何动物都有天赋，比如狼有锋利的牙齿，羚羊有高超的奔跑速度，正因为如此，它们才有可能活了下来。人也是一样，无论智商的高低，每一个人都有独特的天分，但是很多人在成长的过程中，却将天分给遗落了，没有充分发挥其作用，最终变成平庸之人。而那些彻底发挥自己和身边人天分的人，通常获得了巨大的成功，并站到了社会金字塔的顶端位置。

姚明的成功不仅仅是因为他打篮球有优势，更因为他在实际生活中彻底发挥自己的天分，让天分成为自己最大的核心竞争力，从而获得那么多荣誉。

姚明的父母都是上海篮球队员，因此姚明在未出生前就比别人多了许多篮球基因。姚明出生时明显比其他婴儿重，10斤2两，至今在中国篮球队员中无人打破。姚明4岁时，身高已经接近1.3米，父母将篮球作为生日礼物送给姚明时，他并没有表现出热爱，而是随手一扔。从小学到初中，姚明并没有表现出对篮球的热爱。到上初中时，身高直线上升的姚明，引起上海篮球教练的注意，他决定训练姚明的篮球技能，自此姚明开启篮球之路。如果这时姚明在训练中有所懈怠，我们现在也不可能看到如此辉煌的姚明。姚明当时被教练钦点后，开始了极其痛苦、漫长的训练，肌肉拉伤、身体受伤都是常有的事。但姚明始终坚持打篮球，这时身高、基因天分得到充分展示，篮球技术越来越成熟，最终姚明进入NBA，获得了更大的发展机会。

姚明充分发挥个人天分，让成功变得触手可及；反之若姚明没有发挥个人天分，最终也只能是身高2.26米的上班族罢了。普通人如何能够像姚明一样，在了解自己天分后，充分发挥个人天分？

（1）天分的彻底发挥离不开个人的努力

爱迪生曾经说过："天才是1%的天分加99%的汗水。"太多的成功者告诉我们努力的重要性，天才不经过一番寒彻骨，很难取得过人的成就。乔布斯在创立苹果之前，在自家车库也是经历过无数次失败，马云在创办阿里巴巴时，也是经常工作到深夜。

我们要想充分发挥自己的天分，首先就要做好吃苦、不断努力的心理准备，让努力为天分润色。反之那些拥有天分，但在实际的生活、工作中懈怠，不与时俱进依据少许天分存活的人才，最终只会沦为平庸之辈。最典型的例子就是方仲永。

在努力的同时，我们也应该做好方向性的诊断，知道该往哪一个方向努力最恰当，最有效果，防止一味往错的方向进行努力，让天分价值消失殆尽。

（2）充分发挥个人优势

很多有天分之人在发挥天分过程中经常犯一个错误，即总认为自己的短板因素会成为发挥天分的阻碍物，因此尽可能规避缺点，将自己的优势资源弥补到短板上。这种做法看起来很合理，消除短处，防止自己因短处的拖累，影响天分的发挥。其实不然，这种做法，只会削减自己的天分，让天分不再有竞争力。当一些比我们天分高的人才出现时，我们的优势就不再凸显，很容易在市场的洪流中被淘汰。因此我们在发挥天分时，应该尽可能让天分变得更长，更具优势，这样即使出现强有力竞争对手时，我们也能很容易将其击垮，获得更大的机会。至于短处，只需适当倾斜，防止其过分拖我们后腿即可。

个人的成长与发展和身边朋友的帮助至关重要，我们在发挥自己天分的同时，也应该想方设法借助身边朋友的天分来获得更大的发展机会。具体到如何发挥朋友的天分，首先我们应该对身边人的天分进行诊断。

如果身边人的天分正是我们自身薄弱或缺少的内容，此时我们就应该积极借鉴、吸收这些因素，为我们增加更大的竞争力。比如我们在和别人沟通时缺少语言交际能力，而身边朋友恰好拥有较强的沟通天分。这时我们就可以向他请教沟通的经验和方法，提升个人沟通能力，同时也要鼓励他积极运用自己的天分，取得人生的成就。如果身边的朋友和我们的天分重合或相似，并且两人的天分实力都比较强。这时可以考虑两人强强联手，形成强大的竞争优势，让天分得到充分利用，将两个人的事业做大。

2012年电影《泰囧》刷爆整个朋友圈，票房也是不断被刷新，最终以11.55亿的票房完美收官。《泰囧》的成功，自然离不开三位喜剧演员，王宝强、徐峥和黄渤。这三位都是极具喜剧天分的人，粉丝基础雄厚、票房号召力强。在电影中三人将喜剧天分完美组合，充分发挥，让整部电影喜剧味十足，无论是在票房还是口碑上都取得不俗的成绩。

依据身边人的天分进行相应的组合，能够让自己和身边人的天分得以充分展示，不浪费一丝天分，让个人和身边的人，实现共赢，获得更大的发展机会。

5. 发挥自己体内已有的资源

格林童话中有这么一则故事：小骆驼问妈妈：妈妈，为什么我们的睫毛这么长？骆驼妈妈说：这么长的睫毛能够帮助我们挡住风沙，这样我们在风暴中就能够看到方向。小骆驼又问：为什么我们的背那么驼，那么难看？骆驼妈妈回答道：这个驼峰能够帮助我们在沙漠中存储水分。小骆驼又问：为什么我们的脚掌这么大、重？骆驼妈妈回答道：它们能够帮助我们完成长途跋涉，不至于陷在沙漠中。小骆驼意识到原来自己的身体资源这么重要，更加爱护自己的睫毛和脚掌。

其实人和骆驼一样，都有自己独特的资源和优势，只要将这些资源合理利用，加以组合，也能爆发出巨大的能量。但很多人在生活和工作过程中，经常犯一些错误，最终让自身资源优势丧失，失去资源优势的价值。

每个人都是天上最闪亮的星星，在世界坐标上都有其特定的位置，具有别人无可比拟的优势。比如有的人逻辑分析能力强；有的人对艺术有独到的见解；有的人身高比普通人具有明显优势；等等。但现实生活中，很多人并没有意识到它是自己的资源优势，而是将它当作生活中最平凡的内容。对自身优势的后知后觉只会让优势渐渐消失。这也要求我们从现在开始审视自己生活和工作中与常人不同之处，然后分析它是不是自身独有的优势。如果是，应该在后续的生活和工作中逐渐发扬自身优势，凸显优势价值。

很多人的确通过各种方法找到自身资源，也知道如何借助它的优势来获取人生的物质和精神财富。但是在实际的工作、生活中，却将资源放错了位置，造成资源使用不当。这虽然也是发挥资源优势，但是并没有让资源优势、效用最大化。相反，有的人在发现资源优势后，将优势放到合适位置上，取得令人惊叹的成就。

喜剧演员赵本山在成名之前，也处于资源使用不当的境地。农民时代的赵本山，不愿意干重活，就喜欢和人拉呱，耍嘴皮子。后来赵本山将"耍嘴皮子"的能力，不断改进、创新，运用到"二人转"的表演上，很快这种幽默风趣的表演风格获得了东北人民的喜爱，最终"二人转"走出了东北，走向了全国。

赵本山也因此接到春晚的邀请，开启了春晚小品的赵本山时代，成为春晚的一道风景。试想如果赵本山将耍嘴皮子功夫运用到销售上面，可能也会取得不俗成绩，但是肯定没有现在这么风光。

为什么我们定下的目标不能实现？为什么自身资源得不到有效利用，很大一部分原因就是因为拖延，拖延让资源丧失最大机会。比如有的人能够敏感嗅到商机，也了解最新的商业模式，但是到真正执行的时候，前怕狼，后怕虎，最终机会白白让其他人拿走。戒掉拖延，做一个执行力强的人，勇敢运用并发挥自身的优势，用优势牵引资源，就能够获得更大的成功。

资源使用不当这三个错误会给我们的工作、生活带来不良影响，因此我们在发挥自身体内已有资源的时候，也应该掌握相应的技巧，让我们的资源得到最有效发挥。

（1）设定激动人心的目标

在清楚体内资源优势后，应该想方设法逐步利用资源。而利用资源最好的方法就是设定目标，用目标让工作得以快速完成。另外在设定目标时，首先要设定一个激动人心的目标，让自己能够长期以这个目标为依托进行相应的工作和生活规划，同时让自身资源得到充分发挥。与此同时，我们也应该制定相应的小目标，让个人资源优势在每一阶段都能得到体现。小目标的实现，不仅能够为大目标的实现提供可能，同时还能让个人资源优势不断增强。比如我们通过自测、他评发现自己有很强的天马行空般的创造力。这时就可根据这个优势，为自己选择职业方向，比如广告传媒、音乐、美术行业，然后设定一个激动人心的目标，例如成为广告业界的领军人物或进入4A广告公司，确定大目标后，再将大目标细分化，我们就能够清楚地知道，下一步该如何走，怎么将个人资源优势完美落地，更好地完成目标。

（2）通过学习，巩固自身资源优势

时代在不断发展，科技也在不断进步，个体自身优势显得日益渺小和不足，很多时候我们的优势还未发力，就已经被时代抛弃。基于这种情况，我们应该通过不断学习，巩固自身资源优势，让自身优势具备时代性的特征，这样自身优势才能被更好地利用。目前有很多学习的方法和手段，比如通过互联网或者线下参加辅导班又或者进行自我学习都能提升个人已有资源，让自身资源拥有更大的竞争力。

（3）为资源的发挥提供一个潜在的动力

很多人都在懊恼自己在发挥体内资源时，犹犹豫豫，之所以出现这种拖延很大的原因在于我们没有外在压力。俗话讲："没有压力，就没有动力。"因此我们在自我资源发挥的过程中，一定要找到一个外在的精神压力，比如为了报答父母的殷切期望或者是为了获得心上人。当有这种压力的时候，我们在完成任务时就会追求极致，向更完美的方向努力，任务也会被更有效地完成。

我们找到身体内已有资源，并掌握资源完成的技巧就能够让自我资源优势得到充分发挥。我们要借助资源优势获得更大的发展机会，实现自己的人生价值。

6. 找到凹凸互补的搭档

　　提起《高山》和《流水》两部名曲，人们不由自主地会想到俞伯牙和钟子期这对千古传诵的至交。俞伯牙善于弹琴，能够演奏出各种优美的曲子，钟子期善于倾听，能够听出俞伯牙弹奏曲子时的心情和情绪。所以每当俞伯牙有新作产生时，都会急不可耐将曲子奏给钟子期试听，而钟子期也能够在很短的时间内听懂俞伯牙曲中所富含的深意以及当时他弹奏曲子的心情。天下没有不散的筵席，一天钟子期悄然离世，让俞伯牙悲痛万分，于是他将琴摔破，从此不复弹奏。

　　无论是在生活还是工作中我们都需要找到俞伯牙或钟子期式的搭档。这种搭档不仅知道我们的所思所想，在我们困难的时候雪中送炭，帮助我们渡过难关，还能在我们取得成就时和我们共享成功的喜悦。更重要的是这种和我们能力互补的搭档，能够成为我们事业的助推器，填补我们能力薄弱或空白的区域，解决我们所不能及的问题，让彼此获得更大的发展机会。

　　谈到华语电影的大本营，相信不少人脑海中第一反应就是华谊兄弟。近年来华谊兄弟投资的电影在票房和口碑方面都取得不俗的战绩，比如《非诚勿扰》《老炮儿》《通天帝国之狄仁杰》《寻龙诀》等。华谊公司能够在短短20年时间里快速发展，自然离不开创始人王中军和王中磊两兄弟。

俗语讲，"一山难容二虎"，况且兄弟之争也是经常发生的情况。但在华谊这座山上，两兄弟不仅能够和谐相处，还能朝向一个共同目标即将华谊打造成中国版的华纳奋进。为何两人能够和谐共处？因为两人谁都离不开谁，都需要对方的支持。王中军对商机敏感，对企业战略的制定有高见，为人高瞻远瞩，因此他承担公司重大战略的制定；而王中磊为人灵活，沟通能力强，执行力强，所以他负责公司日常执行工作。两人能力互补，相互配合、搭档，才将华谊公司从一家广告公司发展成为中国最大的娱乐公司。

能力凹凸互补的搭档，能够将彼此的事业做得更大、更强，让彼此都可以实现人生价值。与此同时，性格上的互补也会给双方带来更多的惊喜和新鲜感。因为双方性格互补，两人在看待同一问题的角度和方式就会有很大的区别，这就让生活中出现各种不同的声音和观点，两人都能够从对方的身上吸收到更多、更有价值的信息，让彼此实现快速成长。

若两人性格相近，虽然很容易在同一件事上产生共鸣，但很容易固化思维模式，不利于两人新思路的涌现，创意的生成。另外性格相近很容易让彼此产生排斥心理，即过去所说的"文人相轻"，这不利于两人组合的稳定。而性格凹凸则不同，彼此能够从对方性格中找到亮点，实现相互吸引，结成稳定的关系。

张杰和谢娜是娱乐圈幸福婚姻的代表，两人之所以能够走到一起，除个人的才能之外，性格是一个不得不提的原因。张杰为人低调，不善于表达自己的情感，腼腆、害羞是他给人的印象，经常看《快乐大本营》的观众对谢娜性格肯定相当了解，做事风风火火，开朗、爽快，对人也是热情大方。性格的差异让两人看到对方身上的优点，这些优点终于让双方走到一起，产生了爱的火花。

性格互补也会让彼此从对方的身上不间断地体会到各种亮点，这些亮点也是他们感情稳定的重要原因。性格和能力互补的搭档能够让双方实现共赢，找到更大的发展机会，但找到一个能力和性格互补搭档也是相当困难，很多时候由于找不到合适的人，创业的机会也因此夭折。

解决这个困难我们可以从两方面发力。

第一个方面从周围认识的人着手。要想做好这个，首先我们要剖析自己的性格和能力，得出自己专属性格特征，然后再根据剖析的结果有针对性地寻找和自己能力互补的搭档，进而充分利用搭档的效用。当然我们从身边人找搭档时，也可以适当放出自己寻找搭档的讯号和信息，让那些和自己性格互补的人才，主动来找自己，提供更多的筛选机会，找到和自己最合适的搭档。

若我们的人际交往存在面窄或者身边的朋友不愿意参加团体的状况，我们完全可以跳出现有交际圈，借助互联网媒介来进行搭档的筛选。

创业社区流传着这么一个故事，路德·西姆斯四世由于担心自己的工作不稳定，但也未能找到新的工作，于是他决定创业。当然创业不是一个人就能完成的，而是一个团队的工作。但凭他的财力情况和商业模式并没有激发身边人加入，同时身边人的能力和性格特征也并没有达到西姆斯四世的标准和要求。最后西姆斯四世在互联网招聘平台发布一则招聘信息，并且将自己的各种招聘要求贴到网站上。没过多久，就有很多性格和能力和他互补的前来应聘，最终西姆斯四世找到了最佳的合伙人，创业之路也拉开了序幕。

通过发掘身边人和互联网这两种方式能够为团体或个人找到优秀的搭档，但是我们更要明白，留住搭档才是最终的目的。要想长时间留住搭档，首先要拿出我们的真情实意，让他们体会到我们的确重视他，打情感牌，让他愿意长久留在我们身边；其次让他们从合伙过程中获得实实在在的好处，比如能力得到迅速提高，物质财富得到增加，激发他成为我们搭档的兴趣。当我们抛出的"诱饵"足够真诚、高价值，相信搭档也更愿意留在我们身边。

7. 找到自己人生的价值和兴趣点

人生就好比一场旅行，不必在乎目的地，而是要在乎沿途的风景。沿途风景的美丽和动人不是靠他人或者社会打造而成，而是靠自己的人生价值观和兴趣点浇筑出来的。当我们树立正确的价值观，看待事物的角度、方法也会发生变化，进而得出更多有价值的信息，这样沿途风景的内容形式会更多。另外当我们在人生旅程中找到最佳兴趣点时，可以保证我们在旅途中更快活、潇洒，不会因漫长的岁月而感到无趣。为了沿途那些动人、美丽的风景，我们也应该竭尽全力找自己的人生价值和兴趣点。

每个人或多或少都一点兴趣，兴趣是一个好东西，能够给人带来成就感和满足感，同时你会因为它而感受到浓浓的幸福感。喜欢唱歌的朋友到KTV时，不仅是个麦霸，还是疯子，握着话筒不肯松手，遇到特别嗨的歌时，手舞足蹈，异常兴奋，唱几个小时都不嫌累。可是你要让他看几小时书，他就感觉脑袋发晕、发烫。为什么会出现这种情况？因为兴趣是在潜意识驱动下进行的，由心而生，只有心灵得到满足后身体自然才不会感觉到累。而工作则不同，它是在一种外在力量的驱赶下进行的。换句话今天你不去工作，就要面临居无定所、弹尽粮绝的悲剧。这也是在压力下工作的员工，疲惫不已的重要原因。试想如果我们将兴趣变成自己的工作，自然不会感觉到疲惫，工作的效率也必然会出现质的飞跃。

黄西博士，为自己的兴趣放弃高薪工作成为著名的脱口秀表演者，实现了兴趣和工作的完美结合。大学时期的黄西就喜欢编写笑话，给同学讲笑话，经常是一则笑话逗得同学大笑不止。在美国读生化博士时，他也是想方设法参加各种选秀，找机会去展示自己，希望通过自己将中国人的幽默展示给美国人民。

功夫不负有心人，黄西脱口秀的能力越来越强，最后在受邀参加美国深夜收视冠军"大卫莱特曼"秀后一炮走红，获得全美人民的喜爱和支持。至此黄西彻底将兴趣当成自己的职业，在讲笑话的时候就完成了自己的工作。

相信将兴趣当成职业是每一个人的梦想，可是很多人由于各种各样的原因无法兼顾到兴趣和工作两个因素，但这不意味着我们要丢失自己的兴趣。相反应该想方设法找到自己的兴趣点，然后在生活中用兴趣来释放工作的压力。找到兴趣点的方法有很多，比如审视自己最喜欢花大量时间的事物是什么，又如查看自己最愿意付出金钱的地方在哪。而利用兴趣释放压力同样有很多种方法，比如利用跑步释放连日来工作的疲惫和烦琐的日常事务，或者打羽毛球缓解眼睛的疲劳，等等。

人生价值相比兴趣点更抽象，更复杂，是人生价值观体系重要的范畴，俗称人生的意义。人生价值是人的灵魂，是人和蝼蚁走兽区别的根本因素。没有人生价值的人，最多只能算是一具行走的驱壳。相反那些具有高尚的人生价值的人，在生活和工作总能成为时代的楷模和偶像，影响着同时代的众多的人。

在车水马龙的武汉街头，有一辆车牌号为1216的719路公交车，这辆公交车驾驶人员——戴立清任燕夫妇却是曾经身价过千万的富豪。即使到现在，他们仍然在孝感市有三套房子，一家酒店，仅酒店一年就能够给他们带来数十万的收入。这对衣食无忧的中年夫妇，在常人眼中看来，他们根本不需要靠开公交车来赚钱。而他们的解释是可以通过开公交车找到人生的价值。

20世纪提到孝感千万富翁，很多人都会想起戴立清。有钱后的戴立清除了染上吸烟酗酒的小毛病，还沾上赌博的恶习，家里的积蓄被他慢慢地输掉，最后不得不卖房子来清偿债务。

戴立清染上赌博后，家里亲人都对他失望至极，但妻子任燕仍然不离不弃选择留在他身边。为了让他远离赌圈，任燕决定将家从孝感市搬到武汉。并且为丈夫找到一个公交车司机的工作。戴立清在刚开始工作的时候，也是抹不开面子，几次想辞职。但是经妻子的鼓励，他慢慢地适应了这个岗位，更重要的是他在工作过程中，得到了越来越多乘客的赞赏和支持，这让他找到人生的价值，即要做一个为社会服务的人。

戴立清夫妇追求人生价值的例子给予我们的启示是，人生价值并不是由我们来决定、评判，而是由整个社会来决定，是不是对社会有意义，能不能对社会产生积极影响。只有得到社会的肯定这才代表实现了自己的人生价值。反之那些所谓实现的人生价值，不过是图名逐利罢了。

如何找寻我们的人生价值？首先我们要意识到所有的活动都要围绕为社会创造财富这个出发点进行，比如改善人们的生活方式，给人们提供更便捷的服务，给陌生人提供温暖、温情、微笑，等等。只有确定这个基准才能保证我们所实现的人生价值更有意义。与此同时，通过阅读大量名人的传记和著作也能让我们学习到先进人生价值观的内容，以此来更好地确定自己的人生价值。同时在进行人生价值找寻时，也应该结合自己的兴趣点，尽可能将兴趣变成人生价值观不可分的一部分，让人生价值实现得更有趣、有效。

8. 拥有无与伦比的自信

每个人都是世界上独一无二的花朵,各自选择在不同时间、地点、环境下盛情绽放。有的喜欢在喧闹的环境下吐露芬芳;有的喜欢在寂静、优雅的林间古道悄然盛放。不管我们选择何种方式绽放,都要始终坚信自己终有一天会盛开,终会被赏花人看到。

史蒂夫·乔布斯的离去震动世界,全世界无数"果粉"纷纷举行悼念活动。刚开始非"果粉"表示不解,为何一个IT公司高管的离去会引起全世界人民的悲伤?当他们翻开乔布斯的履历,阅读《乔布斯传》后,才明白所有的纪念活动都是如此合理。

乔布斯的母亲是一个未曾结婚的大学毕业生,迫于生活和舆论压力不得不将刚出生不久的乔布斯送给一对学历不高的年轻夫妇。坎坷的身世并没有抹杀乔布斯的创造力。学生时代的乔布斯顽皮、伶俐,喜欢标新立异,思维方式和同龄人有很大的不同,有时他的新锐观点遭到同伴的排斥。但那又如何,乔布斯始终认为每个人都是天上的星星,耀眼而独特。

17岁的乔布斯考上了大学,但经过6个多月的学习后,他看不到读大学有任何价值后，毅然决然退学。这个举动在所有人的眼中无疑是疯狂行为，养父母为此也伤透了心。

21岁那年，乔布斯和26岁的艾克创建苹果电脑公司，事业开始走上正轨，前程令人憧憬。但没过几年，乔布斯由于和董事会意见不合，董事会撤销了乔布斯的经营大权，乔布斯被逐出苹果公司。自己创办的企业将自己炒掉，这对于乔布斯来讲是他人生最低潮的时候，愤懑之情难以言表。

当很多记者针对乔布斯的人生履历向他提问，问他如何度过那些黑暗、遭受质疑的岁月时，乔布斯只是笑着说："你只要坚信自己能够成为世界的主宰者，那些看似困难的岁月一定能够度过。"乔布斯坚持相信自我的理念，也让他在1996年重新回到苹果公司，最终带领苹果公司达到了竞争对手难以企及的高度。

乔布斯的例子也在启示我们每一个人，在生活中要保持自信，相信自己的独特性，勇敢做真我、个性化的自己。同时在面对社会的质疑时，不是匆忙打磨自己，而是相信自己，避免让自己成为大众中最平凡的一员。

随着社会竞争的日益激烈，我们遇到的困难可能会更多，遭受的质疑之声也会更强。当大量的质疑之声来临时，我们很可能丢掉自信的精神。针对这种情况，我们可以在质疑之声来临前或到来时，用以下几个方法提示自己是世界的唯一，增强自己的自信心。

（1）进行积极的自我暗示

《吸引力法则》传递的一个观念就是个体进行的自我暗示力量越强烈，任务完成的可能性越高。比如你想追班里的一位女生，然后在心中进行积极的自我暗示，认为自己一定能把她追到手。每天进行多次暗示后，在你的潜意识中就会认为她是你的女朋友。然后到和她实际的交流中，也会更加自信，给她留下一个良好印象，这样追求成功的可能性会大大提高。同理，我们在日常的工作和学习中，每天提醒自己是世界上唯一且最具魅力的人物，会给自己增加更大的信心。

（2）注重仪表，保持一个良好的精神风貌

一套笔挺的西装能够让男子汉立刻庄重起来，一袭长裙也能让一个姑娘在举手投足时变得更为优雅。良好的仪表能够得到他人的夸赞和好评。当我们听到别人的赞美之声多了，也会变得更自信。在潜移默化中，认为自己是世界上独一无二的个体。如何让自己拥有一个良好的精神风貌，可以借鉴明星、潮人穿衣搭配，然后选择不同的搭配方式，不断试错，找到最适合自己的穿衣风格，从而更容易获得周围朋友夸赞之声，获得更大的自信。

（3）学会善待他人，拥有良好的人际关系

我们要想获得他人的赞美、赢得旁人的尊重，实现自信心的提升，首先要学会善待他人，尝试给他人带来温暖和欢乐。当他人感受到和我们相处时很舒服，就会主动和我们交朋友，进而我们的生活会变得丰富、多样化，不容易产生空虚的感觉。其次在和别人沟通时，主动赞美别人的优点，也会让别人感到心情愉悦。与此同时，他们也会礼尚往来，称赞我们的闪光点，我们的自信心也会因此提升，坚信自己是世界最重要的一员。

（4）将目标分解成小目标，体验小目标实现的快感

个人目标不断实现是证明我们独特性最有力的武器。目标实现能够让我们感受到自己存在的价值，相信自己是世界的唯一，继而能够完成更多不可能的任务和目标。如何体验成功？最好的方法就是将大的目标分解成若干小的目标，值得注意的是，小的目标也应该难度适中，不能难度太高，也不能没有难度。难度过高，容易挫伤自己的自信心，不利于后续目标的完成；难度太低，也会降低工作完成的快感。同时在拆解目标时，也应该让目标形成梯度，下一步完成的目标比上一步高，这样我们就能够从完成目标中获得更大的成就感。

只要我们在工作和学习中用好这四种方法，就可以极大增强我们的自信心，在面对任何质疑和嘲讽时，也会始终坚信自己是世界的唯一。肯定自己的独特性

和差异性能够让我们在人群中保持个性，更容易被人记住、识别，获得更多的发展机会。

9. 快速成长的十二大轨道

市场竞争环境的日益恶劣，不确定因素的增多，让我们面临越来越多的挑战。应对挑战，唯有快速成长，才能将自己放到一个相对安全的位置，获得更多的发展机会。反之，龟速般的成长速度，能力得不到快速提升，只会让我们在激烈的市场竞争中被淘汰。若想快速成长，不妨采用以下总结的十二大发展轨道。

（1）制定个人发展目标

目标的最大作用是能够让我们所做的事情更具方向性，对于自我成长也是如此。制定个人发展目标，能够让自我成长更具方向性，让成长的每一步都有基础，进而促使自我成长快速实现。因此要想让自己快速成长，首先要制定个人发展的目标，然后让自己所有的活动都围绕这个目标进行，最终实现目标。目标实现了，个人的能力自然而然会得以提升。

（2）常怀感恩之心

"感恩"二字，牛津词典的解释是"乐于把得到的好处和感激呈现并且反馈给他人"。我们取得的一切成就，并不完全是由个人力量促成的，而是在身边的父母、朋友甚至是陌生人的鼎力相助下才取得的。对于那些曾经帮助我们、给予我们恩惠的人，我们要学会感恩，从内心深处感谢他们给我们提供的帮助。一旦我们养成这种感恩的心态，看事物的角度也会发生质的变化，也能因此学到更多内容，能力增长自然不在话下。

被誉为"中国首善"的陈光标，是践行感恩最好的例子。年幼时陈光标的家境并不好，吃不饱、穿不暖，兄弟五人经常得到邻里亲人的帮助，可以说他是吃"百家饭"长大的苦孩子。

贫苦的生活并没有让陈光标对社会产生愤懑之心，相反他学会感恩，感激那些帮助过他的人。更难能可贵的是，他将这种感恩之心继续传递下去。比如他积极做慈善公益。2008年汶川地震时，亲自带领员工和60台挖掘机奔赴灾区，先后为灾区捐款捐物超亿元；2010年，帮助玉树灾区重建46所希望小学，给学生购买3万套校服、8千多台电脑，累计捐款达2300万元。他的慈善事迹还有很多，高调的慈善行为也让他得到越来越多的人的认可和赞赏。

懂得感恩，感谢我们身边的每一个人，每一株野草，每一缕空气，也正是因为有了他们的帮助，我们的生活才得以丰富绚烂多彩。但和感恩相比更重要的是，我们应该将感恩化成实际行动，将爱散布到更远的地方，用我们的爱去温暖更多的人。

（3）珍惜时间

关于时间的名言警句，每个人脑海中都有很多。但在实际生活中，很多人并没有珍惜自己宝贵的时间。在公交车上、地铁上、候机室，用微信、陌陌打发无聊时光的人随处可见，很少有人通过手机或者书籍来进行学习。为何我们如此平凡，不能够成为那1%的成功人士？很大一部分原因就是在生活中，没有将时间高效利用起来，我们才会变成现在讨厌的自己。

要想快速成长，首先我们要形成时间观念，珍惜生命中每一分每一秒，让时间在我们手中发挥其应有的价值。

有一朋友，在每天乘地铁的45分钟时间里像傻×一样背单词，学英语，坚持两年的时间后，英语水平火箭般上升。至今已经成为公司外贸部门的高级管理人员，谁也不曾想到当年他高考英语只有79分。

那么，从现在起抓住时间的尾巴，让时间在我们手中变现，让儿时的梦想和愿景得以快速实现。

（4）乐观达命

任何事都具有双面性，既有正面又有负面的影响和效果。就算是一本万利的生意，我们也要承担机会成本的压力。在生活和工作中保持乐观达命的态度，能够让我们的工作和学习充满趣味，同时也会让自己过得更舒服，不那么累。反之用悲观的角度来思考问题，一切事物的决策都会蒙上失败的阴影，最终事情可能真会走到死胡同中。

（5）控制情绪

出现争吵、决斗的最大原因就是情绪失控，学会控制情绪不仅能够让我们避免争吵问题的发生，还能够和身边人和平友善地相处。情绪控制让个人待人处事的能力得到质的飞跃的同时也会对我们未来的人生发展大有裨益。当然，情绪的改变，不是短时间就能完成的，而是需要一个长期的过程，因此我们要做好打长期攻坚战的心理准备。具体控制情绪的方法，可以借助相关的体育运动和兴趣，比如一旦我们感到自己情绪失控时，立刻将关注点转移到相关运动和兴趣上，让不良情绪很快离开我们。

（6）将自己融入团队，在团队中放大价值

关公千里走单骑、孤胆英雄的时代已经消失，取而代之是团体力量的崛起。在移动互联网时代融入团队是个人成长最大的法宝，融入团队能够让我们学习他人长处，改掉自身缺点，增强自我实力。更重要是加入团队能够让我们看到自己

的价值，并可以深入了解到自我价值有多大，这样在实现人生价值时也能有的放矢。团队就像一个孵化器，能够为我们能力的增长提供一个温室，加快我们的成长速度。

（7）不断总结

自我成长是一个过程，不是一个行为。做好成长过程中的每一个节点就能让自己快速成长。而做好这些节点最好的办法是通过不断地总结，得出相关的经验和教训。另外我们在做自我的总结时，也要坚持定期原则，不可很长时间才做一次，继而能够总结出更多有价值的理论和知识。另外，我们在进行定期总结的同时，也要做好记录，为下一步的工作提供相应的决策依据，让自我成长也迈上一个新的发展台阶。

（8）不断试错

移动互联网时代不仅带来了连接、生态闭环、数据等一些新内容，还带来试错精神，即我们有能力也有机会进行不断试错。比如我想到一个创业项目，如果这个项目商业模式OK，再加上我个人说服能力很强，天使投资人就很有可能进行投资，我就有机会实现创业梦想，当然，即使失败，我也能得到创业相关的经验和教训，为以后的创业打下基础。

对于个人成长也是如此，不断试错也能为自己找到更大的成长机会，找到真正适合自己发展的道路。有一闺密在25岁之前干过多份工作，销售、广告策划、文案、人力资源管理、物流、外贸等，在很多人眼中她是不务正业最好的例子，但正是通过那些不断试错，她找到了最适合自己的培训道路。自然而然，她现在过得很好，生活得很快乐。

（9）永远在学习的路上

70多岁的联想总裁柳传志，至今仍然全身心投入到联想日常的工作上，有时甚至比年轻人更拼命。更让人吃惊是柳传志在移动互联网营销上一点儿也不比那些90

后创业者差，究其原因，就是柳传志先生一直都在学习的路上，学习最新移动互联网、营销知识，正是因为他不断学习，联想才能每一次都站到时代的浪尖上。这些比我们牛×的人都在学习的路上，我们又有什么理由和借口不去学习呢。

（10）思考是自我成长的法宝

经常思考是一个特别好的习惯，能够让我们发现并找到更多有价值的信息。在日常工作、学习过程中，养成思考的习惯，能够及时发现自身的不足和优势，找到新的最佳战略高地。反之在工作和学习中，一味做工，不去考虑方向正确与否，没有顺势而为，只会让自我发展走进一个死胡同。

（11）永远保持一个躁动、创新的心

模仿、跟随只会让自己留有他人的影子，并一直被冠上某某的标签，无法让自己得到更大的发展机会。而不断进行创新、保持一颗躁动的心，很有可能让自我发展迈入一个更大的蓝海中。

如何让自己永葆创新精神，就要在模仿的过程中，不断地提醒自己要进行相应的创新和尝试，多次进行积极的暗示，让自己相信自己有创新意识，最终创新精神也会留在自己的身边。

（12）坚持锻炼

个人的成长离不开强健的身体的支持，没有身体做支撑的自我成长显然不能走得长远。太多优秀的人物因为身体的原因而丧失持续成长的机会，比如一代摇滚巨星迈克尔·杰克逊；苹果总裁史蒂夫·乔布斯；浙江巨商王均瑶……因此我们在进行自我的成长过程中，也要注重体育锻炼活动，让身体保持一个健康的状态。在生理保持健康的前提下，也应该不断调整自己的心理状态，使其更好地适应工作，只有身心都健康才能快速实现自我成长。

在工作和生活中，我们通过以上这十二大成长轨道，能够让自我能力快速成长，物质和精神财富急剧猛增，让自己在这个社会上具有更大竞争力，过上自己想过的生活。

第6章
拥有十全十美的人生

拥有十全十美的人生相信是每个人的终极目标,具体如何获得?我认为我们应该将大目标化解成一个个小目标,然后逐个击破即可。具体十全十美的小目标,有和谐的两性关系,和美幸福的家庭,无比健康的身体以及给后世留下影响力等,当我们完成这些小目标后,十全十美的人生也会近如咫尺。

1. 拥有十全十美工作日的画面

拥有足够多的财富、满意的职业和无拘无束的生活是每一个人的梦想和一生的追求。所有人都想拥有十全十美的工作，并且从工作中找到乐趣，获得满足感。理想是丰满的，但现实是骨干的。很多人由于无法拥有自己满意的工作，继而对生活丧失希望，抱着"当一天和尚，撞一天钟"心态生活，最后成为这个时代的弃儿。

小A是我大学同学，是大家公认的学霸和才子。在大学期间，我们两人的关系不咸不淡。但毕业后，由于两人来到了同一个城市，继而成了非常要好的朋友。当和他深入接触后发现，他这个人有一个很大的缺点就是喜欢抱怨。我们一见面，他就向我抱怨今天工作如何糟糕，老板、同事怎样刁难、排斥他。一开始我听到他这样抱怨时，总会想方设法安慰他，让他鼓起信心来面对这些问题，相信一切都会过去的。但是当每次见面都在抱怨时，我对他产生反感，渐渐两人的关系也变得淡了，后来也慢慢失去联系。

相信很多人身边都有一个甚至一群抱怨工作、老板的朋友，他们总是能够挑出一大堆老板、同事的毛病。过去我对于这些人是抱着同情的态度，总认为他们受了很大委屈。现在我才明白，那些喜欢抱怨的人都是一群失败者。

对于那些经常抱怨工作不十全十美的，总说自己遭到同事、老板的刁难的人，我们反过头来想老板、同事为什么刁难你，很大程度就是自己的工作做得不到位，未能按时保质完成任务。试想当你将工作完美落地时，老板和同事根本不可能去刁难你，因为他们也同样有一大堆事务急需处理。

我们要想拥有十全十美的工作首先要戒掉抱怨，然后从老板和同事挑刺的地方入手，发掘目前存在的问题，努力提高自己的职业技能，继而让老板和同事满意，同时也能让自己在工作中拥有完美的工作状态。

另外，当我们工作技能提高时，可能成为公司的骨干成员，那么我们在公司的地位也会明显提高。换句话说，我们在工作中也能获得更大的成就感，继而对工作的满意度也会直线提升。反之在工作中一味地抱怨，只会让抱怨的消极影响笼罩在我们的内心，自身的价值也不能充分发挥出来。

在提升技能的时候，我们也应该想方设法来提高工作情商。在工作中，情商比智商更重要，据调查研究说高情商的工作者更容易在工作中获得成就，能够更妥善地处理好与老板、同事之间的关系，更容易实现自己的工作愿景。培养工作情商主要有三个方面。

（1）激情、热情和感情

情商高的工作者在工作时总能坚持"三情"原则，即激情、热情和感情。在工作的时候保持极大的激情，真正将自己所有的心血和精力投入到工作中。正如流传很久的古话："付出总会有回报的"。当我们在工作上投入的心血越多，工作反馈给我们的物质和精神财富也会越来越多，让我们能够从工作中享受到更大的快感。另外我们也应该在工作中投入更大的感情，真心实意地去工作，也能对企业有更强的归属感，享受到更大的成就。为什么有的人在工作中付出了很大心血，但却收获不高？很大一部分的原因就是在工作时没有对企业和工作投入感情，你对企业投入的感情越少，在企业的归属感自然也会很弱，在工作中不能体会到工作的快感。

在工作中保持激情、热情和感情，能够让我们与工作的依附性更强，我们不会将"工作"仅仅当成"工作"，而是当成"事业"来做，当工作成为我们生活中必不可缺的一部分，我们没有理由去反感它。

（2）提高自身沟通和表达能力

蒙牛集团CEO牛根生说过："企业90%的问题都是沟通不畅导致。"这句话放到我们的工作中同样适用。我们和同事之间产生各种矛盾，很大一部分原因就是我们的沟通和表达能力存有问题。比如在执行命令和决策时碍于面子或各种原因没有和领导进行相应的沟通，以致让问题的解决走向死胡同。或者我们在下达命令时，未能清晰地将命令表达出来，而让执行的同事产生误解。

为了避免出现因沟通不畅而导致各种问题，我们必须要提高自己的沟通表达能力，更好地接受信息并表达信息。通常提高沟通表达能力有以下四个步骤。

步骤一：经常开列沟通情景和沟通对象清单。

我们知道将同一句话跟不同的人讲，效果也会天翻地覆，有的人可能因为这句话开怀大笑，而有的人则可能会恶语相迎。为了避免后者的出现，我们应该想方设法将合适的话用到合适的人身上。如何做到？就需要我们在生活中，对公司里每个人的性格进行分析，得出他的性格是什么样的，然后找到那些他应该喜欢的话。这样在工作中对每一个人都说他喜欢的话，我们的沟通表达能力自然会直线上升。

步骤二：评价自己的沟通状况。

每个人都会有自己比较舒服或者擅长的沟通语境，比如在那个地方、时间点、环境下能够与人进行顺畅的沟通，最喜欢和谁保持沟通，最不喜欢和什么样的人进行沟通，等等。针对这些因素，评价自己的沟通状况，找出自己最适合的沟通语境，调整薄弱的地方，也能够有效地改善我们的沟通状况。

步骤三：评价自己的沟通方式。

沟通方式是沟通中最重要的内容，有效的沟通方式能够传达出自己的观点和看法，同时得到交流者的反馈信息。反之无效的沟通方式，只会让信息在沟通中失实，丧失沟通价值。我们在评价自我沟通方式时，可以问自己三个问题：自己在沟通时通常是主动还是被动；在和别人沟通过程中，注意力是否集中；在表达信息时，信息能否传递出去。通过询问这三个问题，能够清晰得出自己的沟通方式是否存在欠缺之处，然后通过各种方法来解决。

步骤四：制订沟通表达变革计划。

通过前三个步骤我们能够知道自己在哪些沟通方面存在不足。这时我们就要制订沟通变革计划，将这些问题分步骤地解决掉，解决自己的沟通障碍，真正让沟通能力得到质的飞跃。

通过这四个步骤能够有效地提升我们的沟通能力，让我们在和同事进行沟通或表达观点时游刃有余，进而让大家形成一个良好的工作氛围，在工作时拥有一个极佳工作状态。

拒绝抱怨，提高职业技能和工作情商能够让自己在工作中更舒服，继而提高对工作的满意度，让自己爱上工作。如果这些方法都不奏效，这时你应该审视一下你目前的工作岗位到底适不适合你，如果不适合，你应该果断放弃，然后做一些关于职业选择的测试，找到最适合你的工作岗位，踏上那些让你能够享受巨大的成就感和满足感的岗位，实现自己的最大价值。

2. 组建天才的核心团队，统一价值观

市场环境日益复杂，让单打独斗、个人英雄主义的时代一去不返。创业者、企业家甚至个人要想完成自己的梦想，过上美满幸福的生活，必须要坚持"众人拾柴火焰高"的原则，即依靠强有力的核心团队，让团队帮助自己将梦想变现。

核心团队是企业发展的核心力量，支撑着企业前进并迈向大的发展蓝海中。通常天才的核心团队有三个特征：首先核心团队创造的效益远远大于个人效益总和，实现效益的最大化。核心团队成员相比普通员工，他和创业者之间的关系更亲密，能够和创业者荣辱与共。而普通员工和创业者之间是一种若即若离的关系，企业获利，普通员工对其的依附性强，反之企业丧失发展机会，利润少时，员工离开频率增加。正是由于这个关系，也使得核心团队成员相互配合，能够取得客观的经济效益。其次核心团队能够实现组织管理的灵活性，即当企业的一项任务出来之后，核心团队的成员会自觉将其完成，这样组织的效率会得到提高，运营成本会降低。最后核心团队的成员具有较强的竞争力，核心员工相比普通员工素质更高，抱团取暖的念头更强，自然而然能够获得更大的竞争力。

小米集团的成功除"性价比高"的小米手机外，还因为它有极具有竞争力的核心团队。小米核心团队由7人组成，雷军任总裁进行全局式管理，对内负责小米重大战略的制定，对外代表小米出席活动。副总裁林斌主要负责小米日常执行工作，监督集团各项工作完成状况，提升任务的完成效率；黎万强和黄江吉主要负责MIUI系统方面，为用户提供流畅系统体验；周光平、刘德和黎万强负责小米手机方面，确保手机满足用户需求；洪峰和黄江吉负责米聊区域。7人分工明确，让小米手机的硬件和软件得到控制，实现小米全方位监管，确保每一款小米手机的硬件和软件都是合格的。凭借这7人的核心团队，小米集团成功开发出更多年轻人喜欢的手机，而今小米手机已经成为大中华区手机行业的领导者。

核心团队对创业者的重要性不言而喻，这能够帮助创业者躲避市场上一个又一个风险，找到新的市场高地，获得更大的发展机会。但很多时候，我们在组建核心团队时，不知该如何下手。核心团队的成立，可以从以下三个方面着手。

（1）慎重选择核心成员

优质成员是核心团队基础，能够实现团队的价值。选择成员是建设核心团队的第一步，也是最关键的一步。在优质成员的选择上要坚持以下两个原则：第一是有专业扎实的理论基础，能够解决企业刚需问题。比如企业核心团队需要招聘一名软件工程师，这名工程师就必须具备专业的技能，能够解决企业软件能力不够问题。如果应聘者不会此项技能，应该及时将其淘汰，以免浪费时间。第二是要考察应聘者的品德，任何岗位的成员都要有良好的品德。没有品德的成员对于团队来讲极其危险，他很有可能在竞争对手"引诱"下泄露公司的机密，这时企业有可能遭受巨额的损失。因此招募团队成员时，我们一定要擦亮眼睛，提高自己的识人能力，及时发现应聘者的道德软肋，为核心团队挑选专业能力强且品德高的成员。

（2）建立完善的奖惩机制

核心团队成员在公司里占有重要的地位，很容易成为普通员工的模仿对象，若核心成员在日常工作时，处理问题表现不当，极易将普通员工引领到错误方向上去。如何让核心团队成员自觉规范自我行为？这就需要借助制度。制定完善的奖惩机制，能够让核心团队成员感受到制度的压力，进而在工作中自觉规范自我行为，为普通成员树立良好的榜样，更好引导普通成员的日常行为。当然一味用惩戒制度只会让核心团队成员感受到组织的无情，继而丧失为组织拼命付出的劲头。这时我们可以相应设置一些奖励措施，激起核心团队成员的工作热情，更快地实现我们的梦想。

（3）进行后期的培训和学习

随着市场形势的不断变化，技术的不断迭代，所有人都时刻面临着被社会淘汰的风险。对于核心员工来讲也是如此，如何避免被市场淘汰，唯有通过对其进行不断的培训，让其掌握更多的工作技能和方法，帮助企业更好地应对市场竞争。但很多创业者因培训费用过高而拒绝给核心团队成员培训，这种想法显然是愚昧无知的。因为你用于给团队成员培训的费用，成员工作的时候就会帮你赚回来，甚至比你培训所花的费用要多得多。另外我们在给团队成员进行培训时，应该提前做好相应的规划，比如每一步应该培训什么，达到何种培训效果，以实现培训效果的最大化。

通过这三个手段组建了天才的核心团队，是不是就意味着团队能够帮助我们劈波斩浪，我们便拥有了十全十美的人生呢？显然不是，每个企业都有核心团队，但是团队效用的差别却有很大的差异。有的团队能够在面对竞争对手时以一当十，迅速将竞争对手击垮。而有的团队却在竞争对手尚未攻击时，一哄而散。团队竞争力差最大原因就在于团队成员没有保持一致的价值观，没有共同信仰。价值观的缺失不利于自我约束和管理的实现，团队竞争力自然是如一堆烂泥。

价值观是维系团队最重要的因素，能够支撑整个团队迈向正确的道路上的决定性力量。为什么小米公司这7个合伙人能够研制出小米手机？很重要的原因就是每个人都相信自己能够在手机市场分得一杯羹，都认为自己能够做出让人尖叫的产品。正是在这种价值观的引导下，7人才能全心贯注做手机产品的研发，继而让小米手机获得粉丝的支持。

我们要想取得小米式的成功，将团队成员与公司牢牢地拴在一起，就需要向团队成员讲述我们的价值观，然后通过各种方式来宣传企业价值观，让价值观深入到每一个核心团队成员的心中。当价值观成为员工信仰时，再依靠这种价值观进行相应的工作和活动，团体的竞争力就会迅速提升，在市场上也就会有更大的发展机会。

组建优秀核心团队，让梦想的完成有更多的支持者和实施者，梦想的实施将不再是一纸空文，而是有了雄厚的人才基础。与此同时，再用价值观来长期留住团队的核心成员，规范核心成员的行为，提升梦想实现的可能性，在最短的时间内完成梦想，我们的人生就变得更完美，更精彩。

3. 拥有自己的 20 个口袋名单

现在的都市人面临着前所未有的压力，有工作压力、购房压力、子女教育压力、人际关系压力、身体压力，等等。大量压力长时间堆积下来，身心很容易出现问题，很可能会导致事业和生活陷入困境。大量的研究表明释放压力最好的办法就是在压力来临时，让自己的视线转移到美好的事物上面，当关注美好事物时，心情自然变得愉悦。如何在压力来临时，能够保证我们将视线转移到正确的位置，这需要我们拥有独特的20个口袋名单。

（1）音乐

音乐是世界上最美妙的东西，能够分享我们的骄傲，抚慰我们受伤的灵魂，给我们前进的动力，指引我们走向更美好的明天。聆听音乐，让音乐成为我们释放压力的口袋。大多数人认为必须要听轻音乐或者古典乐、爵士乐才能释放压力，其实不然，我认为只要是自己喜欢的音乐且能够从中听到幸福、美好的真谛即可。另外如果有条件、有资源最好要学一门乐器，通过学习乐器能够让我们对音乐有更深的理解，掌握更多的音乐知识，这样在自己心情烦躁时，也能选择相应的美好音乐。

（2）电影

一场精彩的电影能够刷新我们对世界的观点和看法，让我们进入另外一个陌生、充满新鲜感的世界。喜欢看电影的人通常是对生活充满了好奇、希望的一群人，他们都想从电影中找到属于自己的世界。因此我们在生活中，应该尽可能抛弃那些宅在家里的借口，而应该走进电影院中，欣赏电影经典的画面和桥段，更好地释放自己的压力。理所当然，至于电影类型的选择，科幻片、文艺片或者惊悚片都可以，只要你认为这样片子能够释放你的压力，它就是一部好电影。

（3）旅行

一封"世界那么大，我想去看看"的辞职信引发网友热捧，很多人也都想像这位教师一样，为了旅行放弃一切。旅行是生命的良药，很多人都开始用旅行来打发内心的压力和苦闷。把旅行当作释放压力的口袋，让压力在旅行中得到排解，更重要的是我们也能够在旅行中发现最真实的自我，找到最喜欢的职业，这对于人生的选择大有裨益。当然在旅行的过程应该避免去那些人流量大的景区，因为在拥挤的人潮中我们很难体会到旅行真正的价值，反而在众生喧哗中迷失自己。

（4）跑步

跑步作为健身活动的一种，是释放压力最简单有效的方法，能够让我们在运动中放空自己，让身体得到一次大清洗。在操场、跑步机或清晨的街道上，聆听自己跑步的气息，享受肌肉酸痛的快感，压力也会消失。另外跑步能够增强心肺功能，对我们的身体机能大有裨益，让我们得到一个更健康的身体。

（5）阅读

古语云："三日不读书，便觉言语无味，面目可憎。"但现在很多人却不再热衷于读书，在大街上、火车站、候机室里看书的人越来越少，低头族越来越多，很多人的眼睛都被大屏手机牢牢锁住。不可否认，智能手机能够让我们在很短的时间里接受到更多的信息,实现与世界的紧密连接,得到我们想知道的信息。但我们也应该深刻地意识到通过手机只能实现浅阅度,并不能给我们提供更深层次的内容。因此,要想获取更深层次的、更有价值的内容,我们应该不间断地阅读,通过阅读提升我们的思想境界,免除不必要的压力。

(6)交三五挚友

每个人都有朋友、也都需要朋友,朋友就像一壶酒,越喝越长久。但很多人很难体会到朋友的温情和价值。出现这种情况,一方面说明你在生活中缺少真挚好友;另一方面也体现你的交友价值观存在问题。针对后者,我们应该积极挑战交友观念,在和别人交朋友时要真诚,拿出赤诚之心,保证交到真朋友。当后者的问题解决后,我们就能够交到挚友。另外挚友的数量不在乎多,而在于真挚。三五挚友,就能够让自己的生活充实起来。相信有三五挚友的陪伴,我们的生活压力也会直线下降。

(7)坚持写日记

日记能够记录我们的喜怒哀乐,为每一天的生活留下痕迹。同时坚持写日记能够让我们的压力找到一个载体,可通过这个载体释放压力。更重要的是通过写日记,也能培养我们坚韧的性格和恒心,提升自我执行力,让工作在最短的时间内完成。

(8)静坐冥想

安静的冥想能够让压力得到舒缓,身心得到放松。当生活、工作压力来临时,我们可通过静思冥想这个口袋,将压力装进去,能够大大减轻压力对自己的影响。另外在静坐冥想时要给自己提供一个相对安静的环境,比如在安静的书房或咖啡店,最大限度发挥静思冥想的价值。

（9）做好备用钥匙

我们之所以会被琐事干扰最大的原因就是没能准备备用钥匙，未给自己留条后路。当发生意外情况时，没有二手准备，很容易让自己乱了阵脚，最后各种压力袭来，生活、工作也会变得一团糟。反之当我们在工作中做好备用钥匙，准备好第二套方案，能够让自己在工作、学习中更有底气，继而提升自己在工作和学习中的自信。

（10）热爱生活

热爱生活这个口袋能够让我们看到生活中最美好的事物，当我们看到美好的事物越多时，内心沉淀的内容也会更纯净，更有价值。相反，那些只看到生活中肮脏、不干净的一面，只会对生活产生抱怨之心。当抱怨成为一种习惯，工作和生活的状况就可想而知。热爱生活能够让我们的眼界得以拓宽，拥有一个更美好的明天。

（11）拥有一乐观挚友

俗语讲："近朱者赤，近墨者黑。"拥有一个每天只会抱怨的朋友只会让我们生活变得糟糕，而拥有一个乐观挚友，能够带领我们进入一片更快乐、和谐的领域，改变我们看待事物的角度和看法，对我们未来的发展大有裨益。因此我们要想方设法为自己寻觅挚友。我们可以通过对周围身边的朋友进行甄选，也可以通过互联网交友平台进行。

（12）和父母主动沟通

父母是世界上最爱我们的人，看着我们从年幼无知到长大成人，他们的爱是无私的，不计任何回报的。当我们在生活或工作上出现问题时和父母主动沟通，也能够很好地释放自己的压力，同时父母也能给出最符合我们性格、脾性的解决方案，让问题尽快被解决掉。另外和父母经常沟通，也能让父母感到不再孤独。

(13) 制订计划

计划就像航行时的灯塔,可以指引我们进入更安全的区域。在做任何事情之前制订相应的计划,可以使我们少走弯路。但要记得在制订计划过程中,切不可好高骛远,要将目标定得合理,防止因计划不合理而破产。养成每天定计划的习惯,也能更好实现最初的愿景。

(14) 拥有良好的睡眠习惯

充足的睡眠是减压最好的方法,一觉之后所有的压力都会烟消云散。但通常很多人在面对压力时,选择在酒吧度过,不肯回家,这极大损害了睡眠质量不说,同时也让压力如影随形。因此我们在面对压力时,保证充足的睡眠,让自己拥有更好的精神状态,才能将压力驱走。另外在中午工作间隙,进行午休也能缓解工作的疲惫,让自己在下午工作时保持旺盛的精力。

(15) 日事日毕,日清日高

海尔"日事日毕,日清日高"的工作方法同样适用于减压上,每天将自己的事情都做好,就不会留下堆积的工作给第二天的工作造成压力。没有压力的堆积,不去考虑其他因素,每天的工作就相对轻松,我们也能将工作更快地完成。同时,我们也要保证自己每天完成的工作比昨天更好,更有价值,让自己的能力每天都在不断进步,那么自己在公司将会有更大的话语权,工作的成就感也会油然而生。

(16) 每天留点时间给自己

压力存在很大的原因就是我们在生活中没有留点时间给自己思考人生,而是一味将时间留给工作和加班,这使得当所有事情接踵而来时,身心的压力陡然上升,让我们身心疲惫不已。为避免出现这种压力,我们应该尽可能每天留点时间给自己思考,比如在下班前的10分钟,整理一天的思绪和工作,不给压力可乘之机。

(17) 食疗

用食物来影响机体的各项机能，也能够达到缓解压力的效果。食疗作为一种副作用小、效果佳的减压方法得到越来越多人的青睐。关于食疗方法的选择，可以参考网上的食疗方案或请教一些食疗达人。当得到具体的食疗方案后，可在实际生活中试用，可以达到一定的减压效果，让身心获得轻松自在。

(18) 学会忙里偷闲

一旦当我们离开办公室后，感觉自己的脑袋发沉，状态不好时，就应该稍作休息，用休息来为接下来的工作储备能量。忙里偷闲，看似消极的工作做法，但却能帮助我们实现能力二次补充。反之在工作中状态不佳，昏昏沉沉，工作效率也会陡然下降。

(19) 单车骑行

一辆单车、一个旅行包就能够进行一场短暂的放松之旅。在工作闲暇之余，约三五驴友，进行一场单车骑行可以让压力烟消云散。另外，在骑行中不仅能够感受到大自然美丽的风光，让自己对工作充满热情，还能在骑行中和朋友交流最近的工作心得，吸收更多有价值的信息，提升自己的能力。

(20) 玩游戏

相信每一个人都爱玩游戏，因为游戏能够让我们回到童年无忧无虑的生活中，通过玩游戏还可以实现身心的放松，赶走压力。具体选择何种游戏，因人而异。比如可以玩最新的网络游戏，如英雄联盟、魔兽世界、地下城等或者玩儿时的游戏，只要能够让我们在游戏中享受快乐、释放压力就行。

当我们拥有这20个口袋名单，那么就可以在压力来临时，把压力装进这些口袋，减少压力对我们的困扰。没有压力的困扰，我们离十全十美的人生也就不远了。

4. 拥有幸福无比的两性关系

生命的品性来源于情绪，情绪的好坏来自于两性关系。和谐的两性关系能够让双方体验到生活的美好，进而在工作和学习上保持较大的激情和动力。反之不和谐的两性关系，很容易让双方整天为鸡毛蒜皮的小事争吵，时间一长，婚姻或爱情的解体也会成为必然。据统计从20世纪80年代起，中国的离婚率直线上升。目前中国已经成为全球离婚率最高的国家，离婚率高达27%，有的地区的离婚率甚至超过30%，比如北京的离婚率达39%，上海的离婚率逼近35%，广州的离婚率达30%。离婚率的持续攀升，一针见血地说明了我国的两性关系出现问题。

我认为两性关系出现问题的主要原因有以下几种。

（1）男人和女人是两种动物

约翰·格雷在其著作《男人来自火星，女人来自金星》提出一个非常有趣的观点：他认为男人和女人是来自两个星球的人。男人来自火星，女人来自金星。通常当火星的人有压力时，他总想找个无人洞钻进去，然后进行自我疗伤；而来自金星的人感到有压力时，她总想找一个人倾诉，并尽可能将所有的委屈说出来，以求换得别人的理解。两性关系不和谐，很大的原因就在于双方未能认识到对方星球在应对压力时的特点。

当男人劳累一天回到家，坐在沙发上手握遥控器看电视时，女人就会认为他正在专心地看电视，了解新闻。其实不然，看电视只是男人休息的一个手段，他想通过看电视来缓解压力。而女人则不同，看电视纯粹就是为了获得信息或者追某部剧中的男主角。

女人由于一天没见丈夫，会在丈夫耳边说很多话，提出各种各样的问题。试想当一个渴望休息的男人，在听到这些唠叨时，怎么可能对女人有好脸色？一旦男人对其态度不好，女人心思缜密的优势就会凸显，认为男人对自己关爱不够，或者男人对自己的身材不满意又或者在外面有了外遇。当女人非要男人给个理由时，男人对女人的态度可想而知，双方必然会进行一场口水大战。

如果男人和女人理解对方星球的差异后，在生活中尽可能做对方喜欢的事，就能够让对方更喜欢自己。什么是双方喜欢的事，就是男人在放松的时候，女人尽量不要打扰他，给他一个充分的放松空间，让他在休息中真正将压力释放掉。与此同时，男人也应该在女人有压力的时候，耐心地倾听她诉苦，理解她、支持她，给她安慰，让她感受到你对她的爱。相互理解，包容能够大大减少双方争吵的频率，让两性关系变得更和谐。

（2）男女思维存在巨大差异

由于男人和女人来自两个星球，所以两者在思维上有很大的差异。男人的思维倾向于解决问题，而女人思维倾向于被理解、被呵护。男女思维的差异也是生活矛盾的导火索。

举一简单例子，如果女人打电话给男人说："我的钱包被偷了，好伤心。"很多男人脑海中第一时间就会想：她讲她的钱包被偷了，是要我去帮她捉贼吗？她现在很可能面临着资金短缺的窘境，我一定要帮助她，然后男人立即通过支付宝将钱转给她。男人这种做法能够得到女人短时间的好感，但是不能长期得到女人的心。其实当女人说她钱包被偷的时候，更多想得到男人情感的安慰，对她的遭遇表示谅解同情，如果男人能够第一时间到她身边，安慰她，并且告诉她自己有钱养她，相比这时女人一定会热泪盈眶，对男人也会产生更大的依赖感。

如果男人知道男女思维差异后，在听到女人诉苦时，首先对她的遭遇表示同情，然后到她身边安慰她，然后再尝试给她提供解决方法，这样更容易俘获她的心。相反女人知晓男人解决问题的思维，在日常生活中如果要想得到男人的关怀和疼爱，尽可能给男人提供一些信号，让男人在更短的时间内猜出自己的心思，自然也能实现自己的愿景。

（3）两者的需求感不同

在母系氏族社会，女人在选择男人时，总是要挑选身体素质高，捕猎能力强的男人，这是因为女人在分娩期间不能从事体力劳动，同时需要大量营养物质的支持。如果所选择的男人不能在她哺乳期间给她提供足够的营养，那她和孩子的生命就会有危险。

为了获得哺乳期间的安全感，所以她必须要选择强壮的男人。虽然母系社会已经过渡到了父系社会，但女人在选择男人时，仍将安全感作为择偶的第一标准。换句话，如果现在的男人在婚姻中不能给予女人安全感，那么女人对男人的信任也会大打折扣，两性关系就会更容易出问题，婚姻和爱情可能也不会长久。

假若男人知道女人在婚姻中追求的是安全感后，应该尽可能在生活中给予女性安全感。而今增加安全感已经不需要捕捉猎物，男人可以通过增加自己的工作技能，拿到更高的薪酬，然后将薪酬绝大部分给予另一半，由此提升女人对自己的信任。反之男人给予女人较少的薪酬，只会让女人每天为柴米油盐操心，最终心力交瘁，对男人丧失信任，最后选择离男人而去。

相比女人对安全感的追逐，男人更注重重要感。他更关心自己在女人心目中的地位，如果自己在女人心中分量很轻，或者女人对自己的重视感不够，这都会让他对女人产生不满，继而产生寻求外遇的想法。

男人在女人心中重要感直线下降最主要原因就是子女的出现。一旦两人有了孩子，女人会不由自主地将注意力转移到孩子身上，想方设法给孩子购买衣服，让孩子接受最好的教育。当女人将重心集中在孩子身上时，男人内心的失落感也会油然而生，如果有别的女性对他更重视时，他就很可能会出轨。

有新生儿的夫妻都会因为谁照顾孩子而产生分歧。累了一天的男人回家，如果这时女人将孩子一把递给男人，让男人来帮忙照顾孩子。很多男人就会出现幻觉，然后自我追问："这孩子是谁？我为什么要抱他，为什么他比我在老婆心中的地位还重要？"假如这时男人表现出对照顾孩子不满，很有可能遭到女人的不满，继而一场争吵也会变得不可避免。

如果女人知道男人追求重要感这一需求，就可以很好地解决这个问题。比如男人在刚回来，你这时立即拥抱一下男人，让男人感受到自己的重要性。即使孩子啼哭，你暂时也不要管他。你这么做，很容易让男人感受到他在你心中的重要性。这时男人很可能会说："老婆，孩子在哭，我去抱一下孩子。"

男人和女人掌握对方的需求感，想尽一切办法满足对方的需求，就能让对方发现自己最美好的一面，继而对自己产生更大的依赖感，让两者关系更长久更稳定。

两性关系发生问题除了这三种原因之外，还有一个更重要的原因就是两性结合的顺序出现问题，这很容易让两性的基础变得薄弱，在面对外在压力时，双方出轨的可能性更大。

最正确的两性关系结合有五个步骤：第一步是建立吸引，即双方都能从对方身上看到闪亮的点，而且这个点也能充分打动自己。建立足够强的吸引，两性关系的基础会更牢固，发生问题的可能性会大大降低。第二步是不确定性，即双方都感觉到对方和自己不搭，比如年龄、家庭背景、学历等。不确定性让两人产生犹豫。第二步是和谐两性关系最重要的一步，只有跨过第二步，两人才可能结合。第三步就是排他性,即双方心里容不下第二个人,只认为对方才是自己的另一半。第四步就是性爱,双方真正将身体交给对方。第五步就是走进婚姻的殿堂,让对方成为自己的终身伴侣。

如果两人的结合完整走完这五步,那两性关系发生问题的可能性也就会非常小。但从目前的社会状况看,很多人直接从第一步跳到第四步,之后进入第五步,忽视了第二步和第三步,其后果就会当遇到更优秀的男人和女人时,个人意志会变得薄弱,任何一人出轨,两性关系自然就不能维持下去。因此我们要想获得和谐的两性关系,应尽可能按顺序经历这五个步骤,让两性关系基础更稳固,避免出现各种各样的问题。

5. 拥有和谐幸福的家庭

幸福的家庭对每个人都很重要，因为它不仅是遮风避雨的地方，更是我们成长的摇篮，事业的助推器。一个不和谐幸福的家庭会对我们产生以下几点坏处。

（1）影响孩子健康成长

家庭是孩子成长的第一所学校，家庭氛围对孩子的心理、价值观以及个性有巨大的影响。一个和谐幸福的家庭，能够让孩子感受到生活的美好，继而保持开朗的心态，对人也会更有礼貌；反之一个失败的、不幸福的家庭，只会让孩子感受到挫败感，甚至是恐惧。如果父母在生活中总是吵架，孩子根本不可能感受到家的温暖，这时他很有可能为了寻找情感的寄托而去通宵的玩游戏、泡吧。试想经常混迹于网吧、酒吧的孩子，个人的前途是令人担忧的。我们在电视上看到很多孩子，因为家庭破碎的影响，做了非法之事，最终待在监牢里的故事。

我们要想给孩子提供一个更好的生活空间，让孩子健康快乐地成长，就要努力给孩子一个和谐幸福的家庭，让孩子充分吸收和谐幸福家庭的养料，继而成为一个对社会有用的人，实现自己的人生价值。

（2）阻挡我们事业的前进

家庭对我们的事业极其重要，如果将事业比作一场战斗的话，那么家庭就是根据地，是能够为我们提供各式枪支弹药的地方。幸福和谐的家庭，能够让我们在工作一天后卸下沉重的担子，释放压力，进而有更大的精力去面对挑战。反之关系紧张的家庭，只会让我们在工作一天之后，选择逃离，在酒吧中进行自我疗伤，而这样又只会让第二天的自己变得更消沉，工作状态也会变得相当差，工作效率也会变得很低。

挚友小郭最近被老板炒了，当我听到这个消息时，倍感震惊。小郭所在的公司是一家4A广告公司，并且他已经在那里干到设计总监的位置。按理来讲，只要他做好自己的本职工作就能安稳地当好"高富帅"。昨天见到小郭的同事我才知道小郭被炒的原因，原来前段时间小郭的母亲从乡下来照顾刚生完孩子的小郭老婆。由于母亲文化水平低，在给孩子冲奶粉时，未能做到科学冲奶，让孩子吃得太多，以至于孩子肠胃出现问题。小郭老婆对此很生气，给婆婆摆了脸色。孝顺的小郭自然不能忍受妻子对母亲的态度，和妻子大吵一架，最后跑到酒吧喝了一夜的酒，酩酊大醉。等到第二天进行提案时，不仅迟到了，而且提案时精神状态非常差，以至于客户终止了这场合作，公司遭受不小的损失。小郭也不得不因此被炒了鱿鱼。

其实类似小郭的例子还有很多，由于个人家庭的问题，大大降低了自己的工作兴趣，为薪酬、职位带来不小的损失。

（3）影响社会和谐

社会由有无数个小家庭组成，要想实现社会的和谐必须要实现家庭的和谐，只有当每一个人的家庭都变得和谐，家人之间和谐共处、互相帮助，共同将问题解决掉，社会的和谐才能得以实现。反之不和谐的家庭，在给孩子、自己的事业带来影响的同时，也很容易给社会带来不良的影响，影响社会的和谐。

2006年12月28日,广东佛山发生重大杀人案件,犯罪嫌疑人黄文义将自己的妻子、儿子、岳母、妻子的妹妹杀害之后潜逃。消失的黄文义让当地人感到非常恐惧,生怕碰见他后被他灭口,给社会带来了极其恶劣的影响。佛山警察全程追捕,最终,黄文义被人举报后被抓捕归案。当警察审查他的作案动机时发现,仅仅就是因为和妻子拌了几句嘴,感到家庭也没什么意思,然后对这五位至亲下了毒手。

黄文义的案件带来了极其严重的社会后果,让当地的社会和谐蒙上了一层阴影。这个案件也让我们每个人意识到和谐家庭的重要性,只有将家打造成一个和谐的居住地,才能实现社会的和谐。如果家庭是一个充满争吵、战斗的地方,很可能出现更多黄文义式的刑事案件。

要想避免不和谐家庭带来的伤害,我们就应该积极地行动起来,构建属于自己的幸福家庭,这样才能让我们充分享受到幸福家庭给我们带来的好处。我认为构建和谐幸福家庭只需要以下几步。

(1) 树立正确的家庭责任观

权利和义务是相统一的,我们要想享受到幸福家庭的种种好处,首先要承担幸福家庭的责任。对于老人,我们有责任去赡养他们,让他们享受一个幸福的晚年。而对于孩子,我们也应该想方设法给他提供一个更好的生活及学习环境和氛围,让他能够快乐成长。承担家庭责任不能只是一句口号,而应该落实到具体的行动上。比如在老人生病的时候,我们应该为其端茶递水;当孩子学习有困难时,我们应该积极帮其解决问题。只有将责任深入到日常生活中的小事情上,才能享受到和谐家庭的好处。

(2) 认真劳动,踏实能干

物质基础决定上层建筑,没有一定的物质基础,我们不就能为父母提供基本的衣食住行,就不能让孩子享受到无忧童年,另一半也不能感受到和我们在一起的幸福。如果连家庭最基本的生活都不能保障，那我们很难享受到家庭的幸福。因此我们应该在工作时认真努力，踏踏实实将工作做好，争取提高薪水，让自己的亲人享受更多的服务，让他们更爱这个家。与此同时，我们在努力工作时，更应该学会相关理财的技巧和方法，让我们的钱活起来，真正让我们实现财务自由。

（3）以积极的心态处理各种问题

建设和谐家庭最好的办法就是理顺家庭中的各种关系。一般来讲，家庭无非有三种关系。

第一种关系是夫妻关系，夫妻关系是和谐家庭最重要因素，家庭中所有的关系都是以夫妻关系为原点展开，要想形成一个和谐、稳固的夫妻关系，就需要双方学会包容，真正从心底去爱对方，不仅要爱他的优点，更要爱他的缺点。就像《当你老了》里的一句歌词一样："爱你，苍老的皱纹"。当我们真正爱上对方的缺点时，夫妻关系自然会变好。

第二种关系就是婆媳关系，婆媳关系是和谐家庭绕不开的一个话题，很多恩爱的小两口离婚就是因为婆媳不和而致。其实我们想一下婆媳不和最主要的原因就是对方抢走自己最爱的人，母亲认为儿媳将自己最爱的人抢走了，妻子认为婆婆不肯将丈夫完全托付给自己，其实解决婆媳关系最大的法宝就是丈夫充当两者的润滑剂。让婆婆称赞妻子的优点，然后向妻子夸奖母亲的做法，然后再向她们表达自己的爱，这样双方也能更好地和平相处。

第三种关系就是子女关系，子女作为幸福家庭最重要的部分，他受到全家的疼爱和关心，是全家的"小祖宗"。但是随着社会诱惑增多，不良风气的持续增长，孩子学坏的机会大大增加。另外家人的溺爱，很容易助长孩子的叛逆心理，所以孩子的管教也会变成一个比较棘手的问题。解决这个问题最好的办法，就是在进行子女管教时，加入爱的因素，让孩子能够充分感受到我们对他的爱，这样他才会听从我们的管教。反之我们在管教时使用暴力，只会让子女记恨我们，让两者的关系水火不容，我们和子女之间的关系就会变得紧张。如果我们在构建幸福和谐家庭时，厘清三者关系，让三者都能包容理解相爱，幸福家庭的来临就不会太远。

创造一个幸福的和谐家庭，需要每一个家庭成员的共同努力，只有大家真正用心去构建幸福家庭，拿出自己的真心和努力才能搭建一个属于我们自己的幸福家庭，在这个家庭中我们能够充分享受到爱，我们的事业也会因此得到快速发展，攀登上人生的巅峰。

6. 拥有无比健康的身体

物质财富增多后，人们对拥有健康身体的渴望日趋强烈，身心健康逐渐成为21世纪人们追求的目标。的确，只有拥有健康的身体，我们才能有精力做自己感兴趣的工作，实现自己的人生价值。反之，脆弱的身体只会成为我们追求理想的绊脚石，让我们和理想失之交臂。

很多人存在这样一个观点，认为只有当物质财富增加之后，才有能力和资本对身体进行投资。这种想法显然是错误的，因为健康的投资从我们一出生就已注定，而且我们一生都应该向其倾入心血。其实，对健康的投资并不需要大量的资金，只要我们管住自己的嘴，迈开自己的腿就能完成。反之当我们的身体出现毛病后，再进行投资，很可能投入再多的钱也于事无补。

2012年，浙江企业家王均瑶的妻子，携19亿元嫁给王均瑶生前的司机。这条消息传出不仅让人们感叹世事变化，同时还让人想起当年那个无限风光的王均瑶。王均瑶是浙江有名的巨商，旗下的航空、乳业、置业地产总价值达35亿元。当然财产的取得并不容易，是王均瑶用身体健康换得，每一个夜晚他都和合作伙伴在觥筹交错中度过，大量的酒精和不良的生活习惯，让他的肠道功能出现问题，最终肠道发生癌变，他也不得不离开这个世界。

近两年名人英年早逝的消息层出不穷，例如苹果公司的乔布斯、一代摇滚巨星迈克尔·杰克逊等。也有很多备受尊敬的人，前一天还在舞台上表演或演讲，第二天就骤然离世。他们的离世在让世界悲伤的同时，也在为世界敲响关注自我健康的警钟。如何在这个快节奏、压力的大的社会拥有一个健康的身体，我认为可以从以下11个方面着手。

（1）戒掉不良习惯

不良习惯是影响身心健康最大的幕后黑手。大量的研究表明，不嗜烟酒的人比嗜烟酒人平均寿命要高很多，经常吸烟和喝酒的人，肝肺功能很容易出现问题，寿命也会因此缩减。

戒掉不良习惯不仅能够为我们省下一大笔资金，还能让自己的身体拥有更健康的生活状态，免除疾病的干扰。当然不良习惯还有很多，比如熬夜、饮食不规律、不爱喝水，等等。可能在我们刚开始戒掉不良习惯时，要承受身体和心理的煎熬，但只要我们熬过去，坚持一个月，这些不良习惯就没有机会侵入我们的身体中。

（2）减肥

"垃圾食品"的流行催生大量的肥胖患者。肥胖患者相比那些身材苗条的人，更容易在心脏、肾脏上出现问题，同时身体大量脂肪的堆积也会让我们整个人看起来臃肿，给人留下办事效率不高，工作不积极的印象。

通过减肥能够让心脏处于一种相对健康的状态，让自己免受疾病的困扰，同时也能够让我们的身材变棒，得到他人的夸赞，我们的自信心也会因此提升。具体的减肥方法，我认为运动减肥的效果最好，更健康且反弹性最小。我们可以去健身房依托专业的教练来完成自己的瘦身计划。

(3) 经常体检

很多人认为没痛没灾就不需要进行体检，其实并非这样。经常性体检能够及时发现疾病，并对疾病进行及时控制。反之等到疾病的信号在身体表现出来时，很可能治疗效用就会大大减弱，身体机能也就不能正常工作。

(4) 坚持运动

运动是抵抗衰老最好的良药，经常进行运动不仅能够减少肥胖对我们的威胁，还能够交到很多更有能力的好朋友，扩展自己的朋友圈，另外很多运动要求是团体合作，通过运动，我们能够和队员保持一种更友好的关系，结下更深的友谊。

具体运动的方式有很多，比如做家务、打篮球、踢足球、打羽毛球、打台球等。与运动本身相比，我认为坚持运动才是最重要的，只有风雨无阻也进行锻炼、运动，我们才能真正享受到运动带来的好处。

(5) 平衡对待复杂环境

每个人经历的环境都不是一成不变的，比如一段时间比较拼命的工作，一段时间享受人生闲暇的时光，一段时间又过着心惊肉跳的生活。据研究表明，环境的改变极易让我们的身体健康出现问题。这也可以说明为什么很多人创业失败后会出现满头的白发。为了避免我们的身体在环境骤变中出现问题，我们应该尽可能快速适应各种环境的变化，从而最大限度减少骤变环境对自己的伤害。

(6) 选择好的居住环境

据科学家研究表明，选择好的居住环境能够让我们的寿命提高两年以上。反之那些环境污染严重、车流量多、噪声大的城市和地区都会让人们的寿命减少。如果条件允许的情况下，我们应该尽可能选择车流量少，空气质量高的城市，为自己挑选更好的居住环境。而今像北京这样的雾霾城市，显然不是我们的首选，我们可以选择二三线城市定居。

（7）绝不超负荷完成工作

中国有一个非常不好的传统，就是将那些因为工作而去世的人当成楷模，认为这些人具有较高的情操，应该是国人学习的榜样。其实这种做法欠妥当，因为一个连自己生命都不热爱的人，当人们的楷模是值得怀疑的。在工作时，提倡积极工作的做法固然很好，但是提倡不要命、超负荷进行工作是危险的。因为超负荷的工作，只会增加我们身体的负担，让身体各项机能处在一种绝对紧张的状态，不利于形成一个放松的状态，对身体的伤害不言而喻。

（8）拥有绝对的魅力

很多人认为身体健康只停留在身体机能上，不关乎人的整体形象上。其实不然，一个良好的整体形象，不仅能够影响我们的日常生活，同时也会影响我们的寿命。如果你认为自己体弱多病，就应该保持那种邋遢的形象，那也行，不过很容易让你给别人留下不好的印象。当没有一个人对你的整体的形象进行夸赞时，这会很容易让你丧失自信心，身体的机能也会有所反应，身体素质也会有所下降。因此在生活中，拥有绝对的魅力让我们得到更多人的称赞，继而自信心大幅度提高，身体也会变得更健康。

（9）经常关注医疗事业发展

经常关注医疗事业发展能够让我们对疾病有更多的了解，这样当身体机能出现问题时，我们就可以知道哪些最新的药品适合自己。另外，关注医疗事业的发展也会增添我们防控疾病的意识，在日常的生活中做好自我保健工作，不给疾病留下侵入的窗口，获得更健康的工作和学习态度。

当然关注医疗事业发展并不代表我们就要购买医学类专业杂志，只要我们定期浏览网易、新浪、搜狐医疗等板块，就能知道最新的医疗事业发展状况，得到一些有价值的医疗知识。

(10) 在生活中多动脑

为什么现在帕金森患者那么多,很大一部分的原因就是很多病人在中年之后停止用脑。致使脑部活动运动减少,让脑子处在空无的状态,时间一久脑部的灵活性就会减弱,其某些功能也会出现问题。如果我们在生活中经常用脑,就能够让它保持一个相对灵活的状态,脑部也就不会被各种疾病所困扰。同时经常用脑,也能让我们会变得更聪明,对事情也会有自己更多的见解,自我发展也会迈向一片新的蓝海中。

(11) 多和年轻人交往

很多成功人士认为和年轻人交往是一种掉价的行为。我认为恰恰相反,多和年轻人交往能够更新我们的心态,让我们接受更先进的思想,增加我们对世界的认知能力和角度。

另外,我们和同时代的朋友聊天的话题很固定,也很容易将我们思维固化,不容易发现更新的创意活动和想法,不利于事业的开拓。

接近年轻人,和他们探讨文学、音乐、电影,可以让我们的业余生活更丰富,生活也会有滋有味、心态年轻化,身体自然也会年轻化,我们的身体也会更健康。

在日常的工作和学习中,坚持这11种健康的生活方式,能够让我们免除身体疾病的困扰,拿出更大的激情去工作和学习,攀登到人生新的高度。

7. 激发内心巨大无比的感恩之心

畅销书《秘密》和《力量》的作者朗达·拜恩相信：感恩是最好的祈祷方式，是自我成长最大的倍增力量。同时感恩是爱的最高形式，每一次感恩，都是一次付出爱的过程，当我们付出的爱越多时，相应也能得到别人更多的爱，当我们在爱中成长的时候，生活也会变得更美好。

经常怀感恩之心，对我们的健康十分重要。据研究，每天进行15分钟的感恩思考，5分钟感恩活动，能够提高我们对待外来抗体的免疫力，让良性荷尔蒙增高，压力荷尔蒙减少，身体的健康指数也会直线提升。

一次，美国前总统罗斯福家中失窃，家里贵重物品被洗劫一空。朋友们纷纷写信劝慰罗斯福不要伤心。出人意料的是，罗斯福在给朋友的回信中写道："谢谢你们的对我安慰，我现在很好、很安全，感谢上帝：幸亏贼偷走的是我的东西，而不是我的生命，另外贼偷走的只是我的部分东西，而不是全部，比如我的高尔夫球杆还在，更重要的是，做贼的不是我。"

罗斯福的回信让朋友开怀大笑的同时，他的感恩之心伴随这个失窃事件传递到更多人的心中，很多人也因为这件事成为罗斯福忠诚的支持者。

伴随生活压力的急剧增加，人与人之间的关系变得日益淡薄，很多人认为感恩似乎变得名存实亡，药家鑫事件、复旦投毒案、马加爵事件也似乎证实了这一论点。但与此同时，公交司机吴斌，最美洗脚妹刘丽，支教老人白芳礼等人的故事在不断温暖着我们每一个人。从现在来看，虽然整个社会感恩之心存在很大漏洞，但是我相信只要我们从现在开始心怀感恩，做各种各样的感恩活动，并将感恩之心传递给我们身边的人，就能让整个社会形成感恩风气，社会也会因此变得更和谐。

如何让自己拥有感恩之心，我认为有以下几个方法。

（1）养成主动帮助别人的习惯

感恩是一种能力，是我们获得能量的途径。如何培育自己的感恩之心，我认为我们首先要学会帮助别人，通过帮助别人获得心理的满足和成就，当帮助别人成为一种习惯，我们必然会拥有感恩之心。至于如何帮助别人，我认为并不在于我们捐多少钱，而在于我们在帮助别人的时候是否拿出真心实意。如果我们在帮助别人时，总想着回报或获得某种好处，那就根本不能从帮助别人中享受到快乐，那我们就很难拥有健康的感恩之心。

另外我们通过经常帮助别人，也会发现自己的幸福之处，激发我们对生活、父母、朋友的感恩之情，认真过好每一天。从现在开始，帮助那些你身边的朋友或陌生人，让他们和你一样享受快乐的生活。

（2）付出行动，让感恩完美落地

感恩不是一句响亮的口号，而是要有具体有效的行动，通过行动能够让我们的感恩完美落地，并用感恩来影响我们身边的每一个人。我们可以从日常的生活做起，比如每天早晨起床时，我们首先就要感恩世界、空气、父母、陌生人，感恩他们让这个世界变得如此美丽、多彩。然后我们就要将感恩升华为实际行动，可以拥抱一下父母，亲一下妻子和孩子，让他们感受到我们对他们的爱。通过这一系列的行动，能够让他们感受到自己的存在，感恩活动也能够传递下去。

另外我们也可以参加一些公益组织，比如残联、爱心车队等，借助这样的组织载体，去帮助那些需要帮助的人。既帮助了别人，同时也能让我们的感恩之心传播到被帮助的人心中。当被帮助人有了更好的生活条件，他也会帮助其他人，整个社会也会变得更美好。

而今京东商城CEO刘强东可谓是无限风光，事业蒸蒸日上，婚姻幸福。谁曾想到他当年是拿着全村集资的500元去上大学的。500块看似不多，但是乡亲们的情谊却是无价。拿到乡亲们凑的500块钱，刘强东内心感动不已，当时他就暗下决心，一定要成就一番事业，要报答乡亲们的情谊。而今事业成功的他也在履行当时的承诺。2015年他带着自己的妻子章泽天回到江苏宿迁老家，用个人的收入，给全村550名老人每人1万元用以养老。同时他聘请全村青壮年劳动力为京东物流人员，并给他们提供了其他快递公司无法提供的薪酬和福利。

刘强东将感恩化成行动，不仅给身边人提供了实实在在的好处，还能在社会上形成感恩的氛围，让整个社会变得更温暖。我们每个人在心怀感恩的同时，应该真正将感恩变成具体的行动，让行动来促使感恩落地生根。

（3）用心对待生活

我们要想拥有感恩之心，就要用心对待身边的人和事，从他们身上找到我们感恩的点，这样我们就能在很长时间里保持感恩之心。用心对待生活，持续感恩有四步：第一步发现身边人的长处和优点，然后取他人所长，来弥补自己的不足。第二步感谢身边的人，当身边人帮助我们时，我们对他们说声谢谢，能够温暖他们的心灵。比如对为我们提供服务的公交车司机、服务员都要说声谢谢。第三步就是积极进取，我们用更好的工作状态去面对生活和工作的挑战。第四步也就是乐观生活，乐观对待生活的每一步。当我们用这四步真心对待我们的生活时，就会很容易发现生活中美好的事物，人生也会变得更精彩。

当我们做好用心帮助别人、及时付出自己的行动、用心对待我们的生活这三方面，就能够让我们长期拥有感恩之心，从而更好地将感恩洒向更广阔的领域，整个社会也会因此变得更和谐，社会才会真正变成一个充满爱的地方。

8. 留下影响力，让自己孙子的孙子都记得自己

人的寿命不过百年之久，死后也会化作一缕青烟离去。有的人死后能够让后人长久地记住自己，并且能够对后世子孙的工作和学习起着极大的促进作用，激励着后代不断奋勇向前，取得更大的成就；而有的人死后很快就会被后人所忘记，甚至不愿向别人提起自己的祖先。

我想每个人都想成为前者，都想让自己被子孙记住，影响子孙成长的每一个阶段。

我曾经在一次培训课上做过一个测验：

"知道自己父亲名字的同学，请举手。"教室所有的学生都举了手。

"知道自己爷爷名字的同学，请举手。"有80%的同学举手。

"知道自己太爷爷名字的同学，请举手。"结果这时没有一个同学举手。

为什么会出现这种情况，很多人解释自己和太爷爷相处的时间短，自己刚学会走路或者自己还没出生，太爷爷就已离去。这看似是一个合理的理由，但是仔细一推敲，这个理由根本站不稳。

民族英雄岳飞虽然已经离世多年，但他仍然被后世挂在嘴边，记在心里。现

在只要提到"精忠报国"四个字，相信很多人都会不由自主地想到岳飞。至今岳母刻字，忠义杀敌的故事仍然在民间广为流传。岳飞英年早逝，和儿女相处的时间不多，但他的名字和精神却被子孙牢牢记住，而且一代代传递下去。岳飞的子子孙孙都对岳飞充满崇拜和敬仰，都想成为岳飞式的英雄。更重要的是，岳飞子孙更将岳飞的爱国和忠义作为自己的行为准则，以此规范自己的日常行为，这使得整个家族拥有一种报国、忠义的精气神，也正是由于这个精神让整个家族一直获得世人的敬仰。

岳飞得以被后人记住最重要的原因就是他的精神，试想如果岳飞没有忠义精神，屈服于秦桧，对秦桧俯首称臣，他不仅不会被后人记住，还会被后人冠上软弱无能的标签，只会随着时间的推移而被后世忘记。

岳飞的故事告诉我们，想要被后世记住，必须要留给后世一种精神，而不是物质财富。精神作为一种无形东西，能够让后世记住我们，同时能够指引后世走向一个更明朗、更正确的道路。而物质财富只会让后世产生懈怠之心，丧失奋斗之心，当财产挥霍殆尽时家族也会走向没落。这也是现在很多财富大佬选择裸捐的原因，比如微软公司比尔·盖茨，Facebook的总裁扎克伯格、"股神"巴菲特等。

要想让我们的精神被记住，首先要确保我们的精神是独一无二的，是社会上其他人不具备的，只有这样的精神才能在时代下散发出更大的光芒，被后世记住。反之那些比较普通，平凡的精神自然不足以让我们的子孙记住，更别提能影响他们的日常生活。那么具体何种精神才能被我们的子孙记住，主要有以下几种。

（1）慈善精神

慈善是社会上最温暖的事情，不仅能够让自己的心灵得到安放，还能帮助那些弱势群体。通过做慈善，能够让我们的子女看到我们身上人性的光芒，并且以我们为傲，然后将我们的慈善精神传递给他的子女，由此我们的名字和精神当然也能够给传递给子孙后代。

但值得注意的是，做慈善，要的确是出自自己内心深处的想法，而不是仅仅为了让子女记住，假意慈善不但不能让子女记住，还会引起子女的反感。与此同时，我们在做慈善的时候，要选择坚持，只有坚持才能让慈善变成你骨子里的内容，这样你的慈善精神的力量也会变得更强，它才可能成为你的标志，后世记起你的可能性会更高。

（2）拼搏精神

百折不挠、直面苦难、敢于攀登高峰的强者能够被后世永远记住。试想如果你的祖父登上喜马拉雅山，或者在工作中努力拼搏，取得别人难以企及的成就时，你不可能会忘记他的名字，反之会和身边的朋友炫耀自己的祖父，传播他的精神。

如果我们能够在工作和生活中，挑战各种不可能，并且获得一些不凡成就的话，那我们自然会成为子女崇拜的对象，当子女将我们的精神传递给他的子女时，我们自然也会被子孙记住。比让子孙记住更重要的是，我们拼搏的精神会灌输到子孙的骨子和血液中，他们也会在工作中保持一种较强的战斗力，去挑战各种不可能，实现人生的目标。

我碰见过一个杂技演员，我问他为什么要选择这个十分危险的行业，因为一不小心，生命很容易受到威胁。他告诉我他的祖父是一名相当优秀的杂技演员，用自己拼搏的精神创造了那个时代多个不可能，他要成为祖父那样的人物。当祖父的拼搏精神融入到他的工作和生活中，他也能获得更大的成功。

（3）敢为人先

敢于第一个吃螃蟹的人很容易被后世记住，假如我问第一个登上太空的中国人是谁，相信很多人会在很短的时间说出杨利伟的名字。试想如果我们的祖先是第一个做某件事情的人，我们也能记住他的名字，比如他是村子第一个大学生或者第一个敢于打破婚姻枷锁的人等。

同样如果我们敢于人先，打破封建传统，做别人未曾做过的事，这样我们在后辈眼中就会变得很酷，我们在他们心中的形象自然也会高大起来。假如我们做任何事都跟着别人的屁股后面走，没有自己的观点和看法，很难激起后辈对我们的好感，更别提被他们记住。当然这个敢为人先的方向是积极的，若我们做犯法的事，只会让我们的后代厌恶，更别提主动向他人传递我们的精神。

不可否认，被后世记住的精神还有很多，但只要我们在生活和工作中，始终坚信自己是最优秀的人，然后做最优秀的事，这样就能够让自己成为这个时代最优秀的人，继而我们的名字和精神就会得以流传，被后世记住。如果我们在工作中是一种碌碌无为，不求上进的状态，就会让我们沦为众人、普通人，最后成为尘世间被人遗忘的沙粒。

后 记

在本书的写作过程中,我感慨万千。在真正懂得"活在未来的高度"之前,我的人生曾经一团糟。

我出生在山西太原的一个普通工人家庭。初中毕业后我报考山西电影学院,顺利通过考试,拿到了山西电影学院制片专业的录取通知书。那是我的梦想,但最终却因为邻居说我天生不是做电影制片人的料,家人就让我放弃了去电影学院,然后给我报了一个技校,学习电焊专业。因为对未来没有任何思考,我就听从家人的安排,进技校学了三年的电焊技术。

在技校即将毕业的时候,原本家人帮我安排了到电信局工作,但是,我被朋友介绍到安徽蚌埠工作。到了地方才知道是做传销,这个时候,我开始思考人生到底该怎么过,该怎么选择。我觉得,无论如何,我是肯定不愿意做传销的。于是下定决心要逃脱传销组织,由于自己的策划,还从传销团队带9个人脱离出来。

半年后,赶上招兵,我决定去当兵。最后,我被中国海军潜艇学院录取为潜水员,那是亚洲唯一一所潜艇学院。在部队,我是新兵连最优秀的新兵,受到部队很多领导器重,给我很多工作让我磨练。因为在新兵连表现突出,我被选为首长的公务员,服务过五个上将一个中将。

2001年,我从部队退伍后回到了地方。我觉得人生充满了期待,同时也非常迷茫，不知道未来在哪里，我也从没想过要对未来做一个规划。所以，那段时间，我做过酒吧服务员，做过宾馆的门童，还有饭店服务员。直到2005年，我进了太原一电厂，做保安。我做了一年的保安后，每天周而复始的工作，突然发现这不是我想要的，我就办了停薪留职，决定自己创业。我先是跟着一个前辈做生意，做的还不错，赚到了人生的第一桶金。2009年，因为市场不好，我带着第一桶金就回家了。回家之后，又跟一个朋友合伙做建材工程，但并不理想，于是决定果断放弃。2012年，又跟这个朋友开了个私人会所，因经营不善，私人会所也是以赔钱告终。在我事业最为低估的时候，作为合伙人的没有给予我鼓励反而是更多的冷嘲热讽，令我极度心寒。于是休息了一年时间，但每天都是低落消极，家人看到我也无可奈何。那段时间，我对自己过去的经历进行了反思，我逐渐意识到我从来没有规划过自己的人生目标，我从来都不知道自己要什么，要怎么活。然后，我开始规划自己的未来，也就像我们这本书一样《活在未来的高度》。

2014年，我决定去继续学习专业理论课程和成功经验，爱人的支持使我更加有自信能够重整战鼓。在一年的学习时间中，一边打工一边学习，很多苦难都是从来没有经历过的，但却充实了我的人生。

我非常感谢程俊杰老师对我人生的指导。在认识程老师之前交友都是酒肉朋友，感觉自己没学历，没资本，什么都做不了。但程俊杰老师却给了我很多精神上的支持，是程俊杰老师发现了我的演讲天赋，并及时地给我指导和建议。

2015年，我开了自己的培训公司，当时公司就我一个人。那时候，我就规划自己三年内要成为山西省培训行业的前三名。因为有了目标，有了人生规划，一切都变得水到渠成。不到一年时间，我就成为了山西省培训行业的第一名。

活在人生高度，是一种态度，更是一种人生的状态。当你的人生有了目标，对未来有了规划，你所有的努力都变得理所应当，成功也因此触手可及。在本书即将完结的时候，我对自己的人生再一次进行了梳理，感谢过去一年的自己能够

"活在未来的高度"，我才有了今天的成就。同时，也要感谢曾对我做过重点指导，陪伴我人生成长的程俊杰老师和刘智伟班长，是他们帮我看到了"未来的高度"，程俊杰老师和刘智伟班长现在也是非常优秀的演讲培训师，我们会一路相伴相随，做最好的演讲培训师。

  最后，我要感谢我的爱人郝国芳，感谢她在我人生低谷时不离不弃，感谢她陪我一起学习、共同成长，更要感谢她和我一起"活在未来的高度"，在我人生转折点给予了最重要的支持和帮助！

高田宝于山西

2016年5月30日